身近な草木の実とタネ
ハンドブック

A Handbook of Seeds, Fruits & Other Propagules of Familiar Plants

多田 多恵子

オオオナモミ。
トゲの実から芽が1つ。
中にはもう1つ、予備のタネが眠っている

文一総合出版

旅する**タネ**の**工夫**と**戦略**

種子は旅立つ——動けない植物の宿命として、種子がそこにとどまれば、水や光や栄養を親子や子同士で争うことになる。親植物から病気や虫も移りやすい。だからこそ、植物はかわいい子に旅をさせる。

種子の役割

母植物は種子に生命の機密情報を授け、心づくしの弁当（貯蔵物質）を持たせて送り出す。植物によっては種子を実の硬い皮に包んで大事に守る。こうして種子は、親植物には耐えられないような寒さや乾燥を乗り越えて、新しい植物体に育つ。種子が両親から受け継いだ遺伝情報（DNA）は種子ごとに少しずつ異なり、環境変化に適応し、病原菌の突然変異にも対抗して世代をつなぐ。

旅の方法

動けない植物は、タネを運ばせる相手に狙いを定めると、それぞれに工夫やしかけを凝らす。最後は偶然に身をゆだね、タネたちは旅立つ。

●風に乗る（風散布）

風は無欲で優秀な運び手だ。それなりの仕掛けを用意すれば、適当にどこかに運んでくれる。ただし行き着く先は「風まかせ」。だから風に頼る植物は、たくさんタネをつくる。

①綿毛のパラシュート

極細の毛のパラシュートをつけたタネは、上昇気流に乗って高く舞い上がる。タンポポやガガイモなど野原の草にはこの方式が多い。

②翼を広げた飛行隊

高い樹木に多く見られるのが回転翼をもつタネ。くるくる回って滞空時間をのばす作戦だ。葉が散って風がよく通る秋には、小さなヘリが季節風に乗って一斉に枝を離れる。無風でも飛ぶ滑空翼のタネもあるが、風がよく吹く日本では少数派だ。

③微細なタネ

ほこりのように微細で空気に漂うのは、寄生植物のナンバンギセルや菌と共生するランのタネ。発芽直後から他人を頼るので、極限までタネを小さくできたのだ。

風で茎が揺れるたびに小粒のタネを振りまくタイプもあり、こちらは開けた場所の草や低木に多い。

●水に運ばれる（水散布）

水はタネを水辺に運ぶ。しかも多少重くても大丈夫。コルク質や空気室を備えたタネは、時には海すら越えて新しい水辺に流れ着く。

丈の低い草は雨も利用する。実が上向きのお椀の形に開き、雨滴の爆撃弾に微細なタネを飛び散らすのだ。

●自力で弾ける（自動散布）

乾くと繊維が縮む力を利用する乾湿運動、細胞が水を吸って膨れる圧

植物の生活型と種子散布様式

		草	つる	低木	高木
風	（ふわふわ）	○	○	△ヤナギ類	△ヤナギ類
	（ひらひら）	△ウバユリ など	○	○	◎
	（微細）	○	―	△アセビなど	―
水	（流れる）	○	△モダマ	△ヒルギなど	△ヒルギなど
	（雨滴）	○	―	―	―
自動		◎	○	―	―
付着		○	―	―	―
被食	（鳥）	○	○	◎	◎
	（獣）	△ミズバショウ	○	○	○
貯食	（獣・鳥）	―	―	○	◎
アリ		○	△・☆	―	―

◎とても多い　○多い　△少ない　☆2次散布　―ない

力を利用する膨圧運動の2タイプがある。飛距離は数十センチから数メートル。それでも小さな草やつる植物には十分だ。

●**動物や人にくっつく（付着散布）**

動物や人にヒッチハイクする「ひっつきむし」。どれも地味な色で目立たず、人の腰ぐらいまでの高さで、枯れても立って動物を待つ。そしてチャンスを逃さず、しっかと運び屋にしがみつく。カギ針や逆さトゲ、粘液の接着剤と、しかけは精密で巧妙だ。何よりも明るい道沿いに落としてもらえるのがありがたい。

●**被食散布①鳥**

ひと口サイズの実は、鳥がタネの周りの果肉を食べることで運ばれる（タネを食べ残す場合も含めて周食散布という）。鳥が行く先々の、似たような環境にタネを落としてもらえる可能性が高い。ただし、タネが大きすぎると鳥には呑み込めない。

鳥の色覚は人間に似て赤に敏感なので、鳥狙いの実は赤が多い。黒い実が次いで多く、赤と黒の対比パターンも少なくない。人には見えない紫外線反射で鳥を誘う実もある。

鳥専門の実は長く枝に残り、きまって香りがない。鳥はにおいには

鈍感だからだ。まずい実や有毒な実も多いが、これは、鳥が一度に食べる量を制限して少しずつ広範囲にタネを運ばせようとする植物の戦略だ。逆においしい実は、熟度により色を変えて少しずつ熟す。

●被食散布 ②哺乳類

けものは、色の感覚は鈍いが嗅覚は鋭い。だから、けもの専門の実は地味な色で香り、地面に落ちて発酵臭を放つ。私たちが食べるフルーツは、基本的にけもの相手の実なのだ。日本では、サル、タヌキ、クマ、テンなどがタネを運ぶ。

●哺乳類や鳥が運んで貯える（貯食散布）

ドングリやクルミなどのナッツは、リスやネズミ類や一部の鳥が冬の食糧にと運んで埋め、一部が食べ残されて芽を出す。植物にとっては大半が食べられてしまうが、大きな実には、初期成長に必要なたっぷりの養分が含まれ、林床の落葉層を突き抜けて成長できるという利点がある。

●アリに運んでもらう（アリ散布）

おまけつきのタネを作り、アリに運ばせて、でもタネの本体は落としてもらう。晩春から夏に草むらや林床で実を結ぶ草に多い。こういう場所は風通しも見通しも悪いからだ。

おまけの成分は糖類や脂肪酸。このおまけを「エライオソーム」という。アリを誘引する表面物質を持つタネもある。

タネの時間旅行（種子休眠）

環境が好転するまで、種子は何年も何十年も待つことがある。都会で空き地ができるとたちまち雑草が生えるが、その一部は土の中で長い間眠っていた埋土種子から育ったものだ。雑草の種子を土に埋め、定期的に掘り出して調べた実験では、メマツヨイグサなど数種の種子は、80～100年後にも発芽能力を保っていた。明るい場所を好む植物の種子は、土の温度変化や光の質の変化により休眠が解け、山火事や伐採などの破壊を機に芽を出す。種子は自分の周りの環境を「見て」いるのだ。

数千年前の遺跡から出土した種子が芽を出した例もある。種子はまた、時空を移動するタイムカプセルでもあるのだ。

エゴノキは殺虫効果のあるサポニンを果皮に貯え大事な種子を防衛している。ところが、エゴヒゲナガゾウムシはその防衛を破り、若い実に産卵し、種子を食べて育つ。写真はエゴノキの若い実に産卵するエゴヒゲナガゾウムシの雌（左）と、その横で闘争を繰り広げる2匹の雄（右）

本書の見方

都市〜近郊で身近に見られる植物226種（近縁種を含む）について、実とタネの精巧な作りや巧みな生態を、写真と解説で楽しく紹介する。

❶種名・学名・科名
一般的な種名を用い、学名は米倉浩司・梶田忠（2003-）「BG Plants 和名 - 学名インデックス」（YList）http://bean.bio.chiba-u.jp/bgplants/ylist_main.html（2022/03）に従った。科名は新分類体系（従来も付記）。

❷生息環境
生育環境と生活形。いわば生活の基本形。

❸キャッチコピー
実やタネのここぞという特徴を取り上げた。

❹散布形式
風・水・自動・付着・被食・貯食・アリの順に配列し、風散布はさらに毛（ふわふわ）、翼（ひらひら）、微細の3型に分けた。被食散布は主要な散布者（鳥・哺乳類）を示した。

❺散布体
タネの運ばれる形（種子、痩果、核、分果など）。

❻種子散布期
植物体上で実が熟したときから散布されて消失するまで（関東基準）。

❼写真
果期の生態写真のほか、実とタネの実物大✕❶、拡大、花、若い実、近縁種などを示した。

❽解説文
種子散布のしくみや戦略、実やタネのつくり。生態学的な見方を基本に、子どもも大人も楽しめる自然観察のポイントを紹介した。

用語解説

種子とタネ：植物の種類により、種子の形で散布される場合と、形態学的には実の形で散布される場合がある。本書ではわかりやすく伝えるために、一般に種子と見えるものは「タネ」と呼ぶ。ただし説明上「実」と「種子」を分ける場合などは「種子」という言葉を用いた。

休眠（種子休眠）：種子が内的要因から発芽できない状態。胚が未熟であるなど種子自体に起因する場合を一次休眠、光や水や温度などが発芽に不適な状況が続き、より深い休眠状態が誘導される場合を二次休眠と呼ぶ。

埋土種子：土に埋もれた状態で長く深く休眠を続ける種子集団。伐採や山火事などで裸地になると休眠が解除されていっせいに芽を出す。

むかご：地上茎の中途に生じる小さなイモや球根などのことで、肉芽、珠芽とも呼ぶ。栄養繁殖体の一つで、こぼれてクローンの子株が育つ。

図解 花と実とタネの用語

花の用語① (ソメイヨシノ)

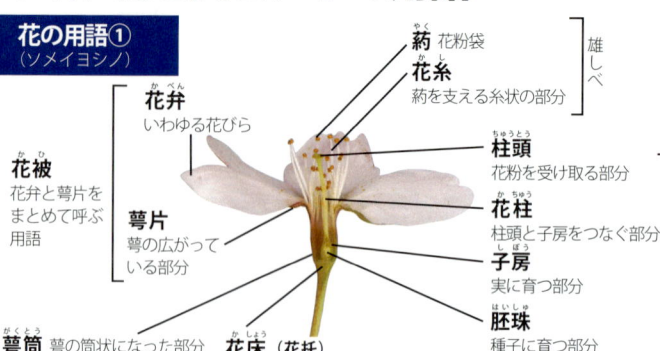

葯 花粉袋 ┐
花糸 葯を支える糸状の部分 ┘ 雄しべ

花弁 いわゆる花びら

花被 花弁と萼片をまとめて呼ぶ用語

萼片 萼の広がっている部分

柱頭 花粉を受け取る部分 ┐
花柱 柱頭と子房をつなぐ部分
子房 実に育つ部分
胚珠 種子に育つ部分 ┘ 雌しべ

萼筒 萼の筒状になった部分

花床(花托) 花弁や雌しべ雄しべを支える土台部分。花托とも呼ぶ

花の用語② (ユウガギク)

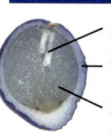

頭花 キク科などの花序。多数の小さな花(小花)からなり、全体が1個の花に見える

筒状花 筒状の花で、頭花の中心部を形作る。管状花ともいう

総苞 花序に付随する特殊化した葉。1枚1枚は総苞片という

舌状花 花びらの一片に相当する花

花床 頭花もしくは花を支える土台部分

種子のつくり

胚 新しい植物体に育つ部分
種皮 種子の皮の部分
胚乳 芽が育つのに必要な養分を蓄える部分

(ジャノヒゲ)

種子の付属物

種髪 種子にある毛束
(ムクゲ)

翼(種翼) 種子にある翼
(ウバユリ)

仮種皮 (ニシキギ) 種子を包んで発達した親植物由来の構造

核果 (ハナミズキ) 液果のうち中果皮が果肉となり、内果皮が種子を包んで厚く硬い核(かく)となったもの

エライオソーム (キケマン) アリを誘引する種子の付属物。主に種枕(種子の端の付属物)を指すが表層物質の場合もある

偽果 (ノイバラ) 果皮以外の部分(萼筒、花床、花被など)が果肉状に発達した実

実の作りと果肉の成り立ち

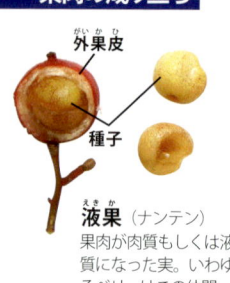

外果皮
種子

液果 (ナンテン) 果肉が肉質もしくは液質になった実。いわゆるベリーはこの仲間

核
内果皮
外果皮
中果皮

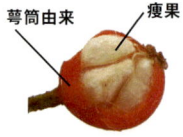

萼筒由来
痩果

さまざまな実とタネ

集合果
複数の実があたかも1個の実のような複合体を形成するもの

果床（果托）
痩果
（ヤブヘビイチゴ）

痩果

偽果

集合果（モミジバスズカケノキ）

集合果（ヤマグワを分解したところ）

核果
（ナワシロイチゴ）
果床（果托） 花床が育った部分

分果 1個の実が複数に分かれて育つもの
（アオギリ）

果苞
花被片
痩果 種皮に密着して薄い果皮をかぶった実。種子のように見える
（アメリカセンダングサ）

胞果 だぶだぶの果皮を種皮の上からかぶっている実
（イノコヅチ）

袋果 袋状の実が縦に裂けるもの

種鱗
種子
球果 針葉樹のいわゆる松かさ（クロマツ）

（クサネム）

イネ科のタネ
（カラスムギ）

芒 穎の先が伸びた針状の突起

苞穎
→ 取り出す →
小穂 果序の単位
分解
散布体

外穎
内穎
穎果 イネ科の実。痩果の一種

蒴果 裂けて複数の種子を散らす実
（メマツヨイグサ）

節果 莢（さや）が節ごとに分かれる実

実の付属物

（クヌギ）
殻斗 総苞の変形
堅果 果皮が木質化した硬い殻で種子をつつむ実。いわゆるナッツ

（イロハモミジ）
翼果 果皮の一部が翼となった実

苞 花や実に付随する特殊化した葉
（クマシデの翼）

苞
堅果

（ボダイジュ）

冠毛 実の上端に生じる毛。キク科では萼の変形
痩果
（ツワブキ）

総苞 花序（果序）に付随する特殊化した葉
果序 実の集まり。花序に対応する言葉

風散布

風にちぎれる純白の「柳絮」～綿状の種髪をまとった微細種子～

イヌコリヤナギ

 ふわふわ　種子　5～6月

● *Salix integra*　● **ヤナギ**科　● 池のほとりや川縁の落葉低木

雌雄異株で、雌株の果穂は初夏に白い柳絮となる

ヤナギの仲間は、0.1mgにも満たない微小なタネ（種子）を、ふわふわの綿毛と一緒に風に飛ばす。名づけて柳絮(りゅうじょ)。ヤナギ類の多い川辺などでは多数のタネが地面に積もり、雪が降ったようになる。タネは湿った地面に降りれば直ちに発芽するが、風では着地点を選べない。種子寿命は約10日と短く、着陸に失敗したタネはそのまま腐って死んでしまう。

早春の雄花序（左）と雌花序（右）。ネコヤナギに似て小さなむく毛の花序が愛らしい。雌花序では、子房のつけ根から白い毛が伸びはじめている

毛（種髪）は胎座（種子の、いわばへその緒）に由来する

道に落ちていた**ポプラ**の果序。ポプラもヤナギ科で、雌株は初夏に無数の柳絮を飛ばす

仙人の光り輝く長い髭 〜雌しべの先が変身した羽毛状の毛〜

センニンソウ

● *Clematis terniflora* ●**キンポウゲ科** ●野山のつる性多年草

果期。羽毛状の毛はてんでに曲がりくねる

花は8〜9月、径2〜3cm。きれいだが有毒で、茎の汁が皮膚につくとかぶれる

くるくる渦巻く羽根飾りを頭に戴いて、タネ(痩果)はふわりと風に乗る。この羽毛状の毛は雌しべの花柱に由来したもので、タネが熟して乾くと空気を含んでふわふわになる。名は、この毛を白髪の仙人の髭にたとえたもの。1個の花から4〜7個ほどタネができて放射状にぐるりとつく。園芸植物のクレマチスと同属で、近縁種のボタンヅルも野山でよく見る。

タネは扁平な卵形で、毛は長さ約3cm

ボタンヅルの花は径2cm弱。葉には鋸歯がある

ボタンヅルの果序とタネ。全体に小さく、羽飾りも短い

風散布

風にほぐれる樹上のくす玉 〜傘状の毛を畳んだ痩果の集合体〜

プラタナスの仲間

● *Platanus* sp. ●**スズカケノキ**科 ●街や公園の落葉高木

ふわふわ / 痩果 / 11〜4月

乾くと淡褐色の毛が
落下傘のように広がる

×1

モミジバスズカケノキ
スズカケノキとアメリカスズカケノキの交配種で、街路樹として多く植えられる。葉や実の形は両者の中間。集合果は1〜3個ずつ垂れる。円内は樹皮

落下傘を開閉する
タネ（痩果）

1cm

春、葉の展開と同時に花が咲く。
雄花序（左）と雌花序（右）

「鈴懸（すずかけ）」とは丸い糸飾りのついた山伏装束のこと。枝に下がる丸い集合果を鈴懸に見立てて名がついた。外来の園芸種で、近縁3種をまとめてプラタナスと呼ぶ。タネ（痩果（そうか））は淡褐色の毛を傘のように畳み、軸に丸くぎっしりつく。毛がふっくら乾くと集合果は押しくらまんじゅうのような状態になり、強風で崩壊してタネが飛ぶ。落下傘を広げたタネは、木枯らしで数百mも飛ぶことがある。

×1

スズカケノキの集合果はやや小さく、2〜7個ずつ連なる。柱頭の突起は長いトゲとなって残る

アメリカスズカケノキの若い集合果

アメリカスズカケノキ
北アメリカ原産で、葉は浅く裂けて鋸歯も少ない。集合果はふつう1個（ときに2個）ずつ垂れる

スズカケノキ

ユーラシア原産。葉はやや小型で深く裂ける

×1

集合果は1個で大きく、柱頭の突起は短くて折れやすい

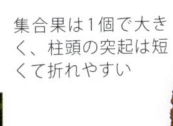

1cm

1cm

風散布

風に乗る金色の髪 〜ムクゲはモヒカン、フヨウはパンク!?〜

ムクゲ・フヨウ

- *Hibiscus syriacus*・*Hibiscus mutabilis* ●**アオイ**科
- 庭や公園の落葉低木（中国原産の園芸植物）

ともに古く大陸から渡来した園芸植物。夏から秋まで次々に花が咲き、実を結ぶ。実は熟して乾くと口を開き、金色の直毛を生やしたタネ（種子）を風に散らす。タネ本体の形はともに勾玉の形だが、ヘアースタイルが違う。ムクゲのタネは毛が一列に並んだモヒカン風、フヨウのは背面全体につんつん生えたパンク風だ。毛は種子の表面構造から変化したもの。

ムクゲの花と若い実。実は卵形で、先がつんと尖り、晩秋に裂けてタネを散らす

フヨウの花と実。毛むくじゃらの実は、熟すと裂けて毛虫みたいなタネをこぼす

ムクゲ　　　　　　　　　　フヨウ

輝く極細の毛のテクノロジー 〜ペアで垂れる実と輝く種髪〜

テイカカズラ

● *Trachelospermum asiaticum* ●キョウチクトウ科 ●野山や町のつる性常緑樹

木の幹をはい登るつる植物で、栽培もされる。藤原定家（ふじわらのていか）にちなむ名に加え、花も葉も実もタネも優美。1つの花から通常2個セットの実（袋果（たいか））ができ、長さ20cmほどに細長く垂れる。初冬、実は基部から裂けて広がり、白く輝く種髪（しゅはつ）を広げたタネ（種子）がふわりと舞う。径約0.02mmと極細の種髪は、顕微鏡で見ると中が空洞。新素材繊維と同様に、軽く丈夫で美しく輝く。

2個の実はそれぞれ縦に裂けて広がり、絹毛を落下傘のように広げたタネが旅立つ（12月）

1つの花から2個の実ができる。若いうちは、実の先端はくっついている（6月）。

樹上のつるに咲いた花。
花は5月、径約2.5cmで甘く香る

タネは長さ1.5〜2.5cm。
毛を広げた径は5cmをこえる

13

神の小舟とふわふわボール 〜大きな袋果と白銀の種髪〜

ガガイモ

風散布

● *Metaplexis japonica*　●**キョウチクトウ科**（旧ガガイモ科）　●野山のつる性多年草

里の野原や水辺、空き地などに生える。初秋から冬、ふわふわの白い毛玉は空を漂い、ときに数百mも飛ぶ

若い実。植物体を切ると白い乳液が出る

花は晩夏、径1cm。花粉塊を作りハチや蛾に運ばせる。写真はヒメハラナガツチバチ、円内は口吻部と花粉塊

実は縦に裂けて小舟の形に開く（12月）

種髪を広げると径6cmになる

1個の花から1〜2個の実が熟す。実は長さ約10cmもあり、中の空洞に毛を畳んだ種子が並んでいる。晩秋に実は裂けて広がり、長い絹毛を広げたタネが、ふわり、ふわ〜り。まるで重さもないかのように、白銀の毛玉となって空を漂う。あとに残る実の殻はボートの形で、日本神話では、これをスクナビコナの神が舟に用い、海を渡って日本に来たとか。

丸い綿帽子と綿毛のパラシュート 〜冠毛を戴くキク科の痩果〜

タンポポの仲間

 Taraxacum sp.　●**キク**科　●町や野原の多年草

キク科の「花」はじつは多数の花が集まったもので、「頭花」とよぶ。在来種のカントウタンポポの頭花は約80〜150個、外来種のセイヨウタンポポの頭花は約200個の花からなり、ほぼその数だけ、綿毛のパラシュートをつけたタネ（痩果）ができる。晴れた朝、閉じていた頭花は1時間ほどでふくらみ、真ん丸の白い綿帽子に変貌する。さあ、出発準備完了。萼から変わった冠毛のパラシュートを広げ、タネは風に乗って旅に出る。

セイヨウタンポポ（左）と
カントウタンポポ（右）のタネ
とてもよく似ているが、冠毛を除いたタネのサイズはカントウタンポポのほうがやや大きく、重さは約2倍という。このほか、タネが赤褐色のアカミタンポポもヨーロッパから日本に帰化している

セイヨウタンポポ
ヨーロッパ原産で、総苞片が反り返る

カントウタンポポ
日本在来のタンポポで緑豊かな田園環境に生育するが、外来種の影響や開発により数が減っている。総苞片は反り返らず、先端に角状の突起がある。4〜5月に花が咲き、夏は葉が枯れて休眠する。頭花当たりの花やタネの数はセイヨウタンポポより少なく、綿帽子もまばらに見える。セイヨウタンポポとの交雑が生じている

ノアザミ

風散布

風にこぼれる大きな冠毛 〜枝分かれした冠毛をもつ痩果〜

● *Cirsium japonicum*　　●**キク**科　　●野原の多年草

タネは熟して冠毛を広げると、総苞の器からこぼれて風を待つ

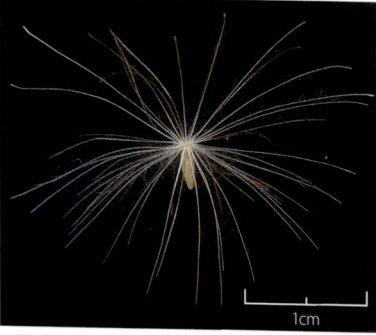

冠毛を広げたタネ。冠毛は長さ約1.5cmで、鳥の羽毛のように枝分かれしている

花期は5〜8月（写真は6月）。ノアザミの総苞片は粘るのが特徴で、写真でも冠毛がくっついている

葉のトゲが痛いアザミの仲間は、タンポポのような丸い綿帽子は作らない。綿毛のパラシュートに柄の部分がなく、根元から放射状に広がっているため、タネ（痩果）の冠毛が乾いてかさが増えると台に乗り切れなくなってほろほろこぼれてしまうのだ。それでもタネが互いにくっついてなかなか離れないのは、毛の1本1本に鳥の羽のような枝分かれがあってからまるため。

泡立ちこぼれる無数の綿毛 〜小さく丈夫でよく飛ぶ痩果〜

セイタカアワダチソウ

● *Solidago altissima*　●**キク科**　●町や野原の多年草

空き地や河原を占領する侵略的外来種。故郷の北アメリカから、戦後のどさくさに紛れて入り込んだ。繁殖力はすさまじく、空き地や河原にタネが芽を出すと、地下茎を広げてたちまち増える。白く泡立つような綿毛のタネ（痩果（そう か））は、軽く丈夫で飛びやすく、しかも数が多い。花は11月に咲き、越冬を前にしたミツバチの蜜源植物として利用されている。

1個の頭花から十数個、1本の花茎からは数万個ものタネがつくられる

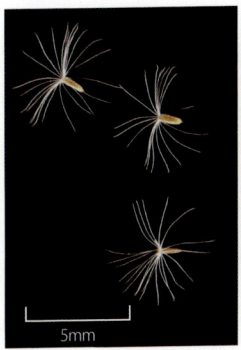

毛は丈夫で壊れにくい

茎は高さ2.5mになる

果穂はビールの泡のよう

白い綿帽子は極上品の柔らかさ ～柔らかく繊細で壊れやすい冠毛～

ノゲシ（ハルノノゲシ）

ふわふわ　痩果　4~11月

● *Sonchus oleraceus*　●**キク**科　●町や野原の一年草

ふわふわの綿帽子はアンゴラの毛玉のように柔らかい。かつてはこの毛を集めて朱肉の印肉に使ったという。竹の耳掻(みみか)きについている羽毛玉にもそっくりだ。タネ（痩果(そうか)）を採取してみると、毛の1本1本がごく細くて柔らかい。非常にもろく、吸湿すると丸で囲んだ写真のように、すぐによれよれになってしまう。花は春と秋によく咲くが、暖かい地方ではほぼ一年中咲いている。

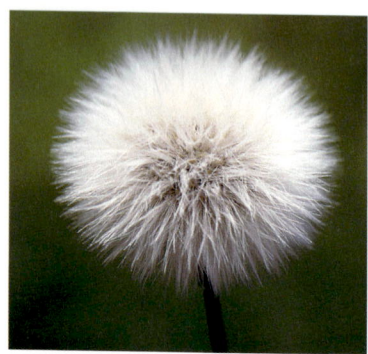

綿帽子は径約2cm。
アンゴラの毛皮のようにふわふわ

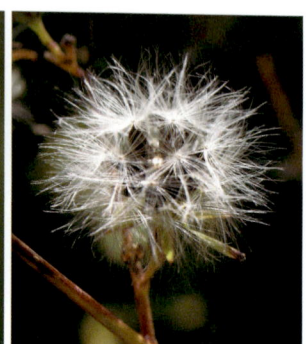

別属の**アキノノゲシ**は秋咲き。綿帽子は径約2.5㎝、痩果は黒く扁平（11月）

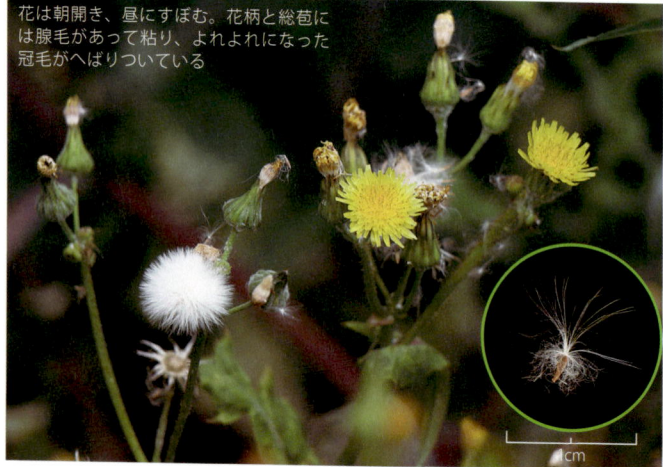

花は朝開き、昼にすぼむ。花柄と総苞には腺毛があって粘り、よれよれになった冠毛がへばりついている

ソーセージから綿あめへ、変身！〜密な果穂から湧き出る痩果〜

ガマの仲間

● *Typha sp.* ●**ガマ科** ●水辺の多年草

ガマ、ヒメガマ、コガマの3種があり、葉の幅や雄花序の位置に違いがあるが、タネ（痩果）の形やしくみは共通。ソーセージ状の果序は、軸の周囲に毛を畳んだタネがぎっしり密集したもの。冬に乾くと、風や震動で緩んだ所からぼわぼわっと綿毛を広げたタネが湧き出て、全体が綿あめ状のいわゆる「穂綿」になる。タネは風に乗って（時には水鳥の体に付着して）運ばれる。

ヒメガマの穂の断面。5mm四方の穂をばらして数えて推定してみたところ、長さ10cmの穂にタネの数およそ10万個！

ガマ（左）、**コガマ**（中央）、**ヒメガマ**（右）の花穂。ヒメガマは雌花序と雄花序の間が開く。

ガマ（左）と**コガマ**（右）の若い果穂。ガマは葉幅1.5〜2cm、コガマは1cmで穂も短い。ヒメガマは葉幅約1cm

12月の**ヒメガマ**。穂は中まで乾いてぎちぎちの状態。指でつつくと、種子がわき出てたちまち綿あめに変身

落下傘部隊は自動潜行装置つき!? 〜ノギの役割〜

ススキ・オギ

● *Miscanthus sinensis* ・ *Miscanthus sacchariflorus*
● **イネ**科　● 野山の草地の多年草（オギは水辺や湿った草地の多年草）

風散布

ススキは乾いた野原に生え、花期の穂は金色〜銅色　　オギの穂はふさふさして銀白色

毛の落下傘を広げてタネは飛ぶ。ススキのタネ（小穂）には折れ曲がったノギがあり、水で濡らすと回転する。濡れてすぼんだ硬い毛が返しの役割をしてタネ自ら土の中に潜るのだ。一方、湿地に生えるオギにはノギがなく、毛も柔らかい。

ススキのタネ。硬い毛とノギがある　　オギのタネ。ノギを欠き毛も柔らかい

初夏の風に揺れる子猫のしっぽ 〜ふわふわの毛にくるまれた穂〜

チガヤ

● *Imperata cylindrica*
● **イネ**科
● 野原や空き地の多年草

左：果期の穂（6月）。風にちぎれてタネが飛ぶ
右：花期の穂（4月）。風媒花で、紫色をしたモール状のめしべと風に揺れるおしべが見える

秋風になびく銅色の穂波 〜枯れ穂はなぜ残る〜

アシ (ヨシ)

● *Phragmites australis*　●イネ科　●水辺の多年草

秋の水辺で、銅色の穂が風になびく。穂は数個の苞穎（ほうえい）と小花を含む小穂（しょうすい）が多数集まってできていて、小花の基部に白い毛が長く伸びる。結実すると、タネ（小花から生じた穎果）は銅色の苞穎から抜け出て白い毛を広げ、風に飛ぶ。小穂には雄の小花もあり、苞穎とともに翌春まで枯れ穂に残る。

タネを飛ばす果穂。銅色の苞穎が開き、柔らかな白い毛を光らせたタネが飛ぶ（11月）

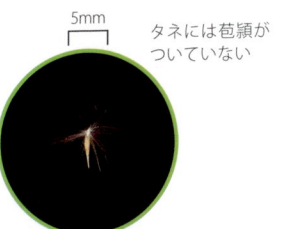

タネには苞穎がついていない

葉は、葉先がくるりと回転し、果期にはそろって風下を向く。円内は枯れ穂

ふわふわ　小穂　5~6月

初夏の野原に銀色の穂が踊る。古く万葉時代には茅花（つばな）と呼び、まだ葉鞘（ようしょう）の中に隠れている開花前の穂を噛（か）んでほのかな甘みを楽しんだ。小穂（しょうすい）の基部に白く柔らかな長毛があり、穂をなでるとふわふわ子猫の感触。タネが熟すと小穂ごと風にちぎれ、白く光りながらふわふわと飛ぶ。

穂は銀色に光ってきれい（5月）。長い葉を、かつては屋根材、最近は緑化植物として利用する

枝先に垂れる葉巻タバコ 〜葉状の苞を積み重ねた果穂〜

ひらひら 堅果 10〜11月

クマシデ

●*Carpinus japonica* ●カバノキ科 ●野山や公園の落葉高木

風散布

果穂は秋に茶色く乾き、木枯らしに分解して舞い散る

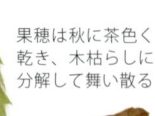

×1

雌花序

雄花序

花期は4月。雄花序と雌花序。昨秋の果穂の軸も枯れて残っている

かさかさした果穂（かすい）は長さ5〜10cmもあり、葉巻タバコにそっくり。秋に茶色く乾くと一片ずつに分解して落ちてくる。1粒のタネ（堅果・けんか）を包む苞（ほう）は小さな葉のようで、ひらひらと回転しながら風に舞うように散る。

イヌシデの果序の軸や苞には粗い毛が多い。実は2個ずつ対になって軸につく

×1

平地の雑木林に多く、夏から秋にかけてパサパサした果穂（かすい）を枝先に垂らす。果穂につく葉のようなものは苞（ほう）で、秋にはタネを1粒、懐に抱いたまま枝を離れ、天から墜落するイカロスのように回りながら落ちてくる。

雑木林の千羽鶴 ～シデ3兄弟のスリムな末弟～

ひらひら　堅果　10~11月

アカシデ

● *Carpinus laxiflora*　●**カバノキ**科　●野山や公園の落葉高木

実は苞を従えて2個ずつ軸につく。タネは回転しながら舞い降りる

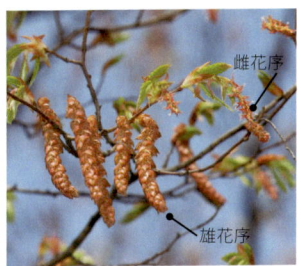

花は3～4月、アカシデの名のとおり、雌花序も雄花序も赤くてきれい

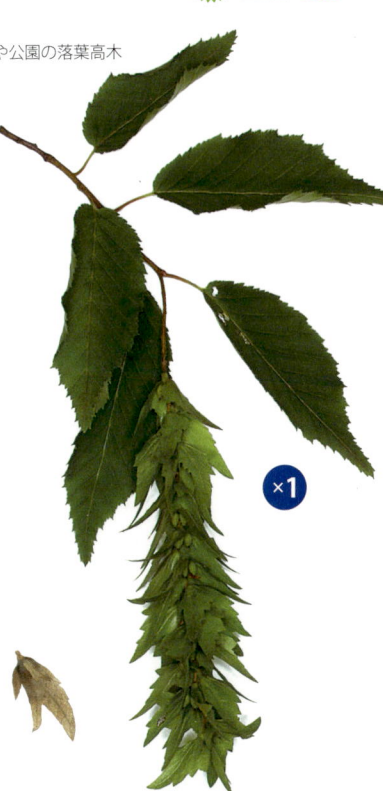

シデ類3種の中では葉も果序（かじょ）も繊細で毛深くもない。苞（ほう）は基部で3裂して1粒のタネを包み、細い枝から小鳥のように舞い降りる。四手（しで）とはしめ縄につける白い紙飾りのことだが、それよりも千羽鶴がぴったりだ。

天から舞い降りるイカロスの翼 ～1粒の実を抱く苞～

ひらひら　堅果　10~11月

イヌシデ

● *Carpinus tschonoskii*　●**カバノキ**科　●野山や公園の落葉高木

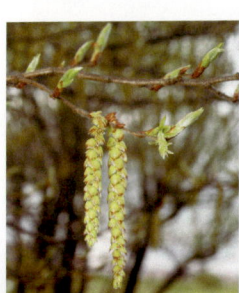

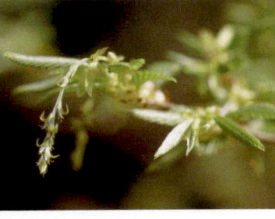

シデ類は風媒花。3～4月にかけて、雄花序（左）は風に揺れて花粉を散らす。雌花序（右）は地味で目立たない

びっくり、まつぼっくりにそっくり 〜球果状の果穂からこぼれるタネ〜

ハンノキ

ひらひら　堅果　10~12月

● *Alnus japonica* ● **カバノキ**科 ● 水辺の落葉高木

見てみて、まつぼっくりにそっくり。でもね、他人のそら似です。果穂は長さ約2cm。実が熟すと、苞が硬く変化した「果鱗」が開き、硬くて扁平なタネ(堅果)がこぼれて風に散る。川の増水時には水流によっても運ばれるのだろう。枯れた果穂は翌年まで枝に残り形が崩れないので、クリスマス飾りにアレンジするとかわいい。よく似た仲間が数種ある。

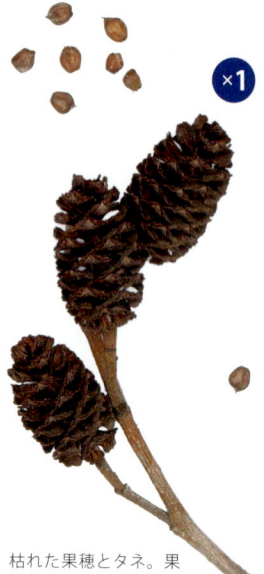

枯れた果穂とタネ。果穂はタンニンを含み、染料として利用される

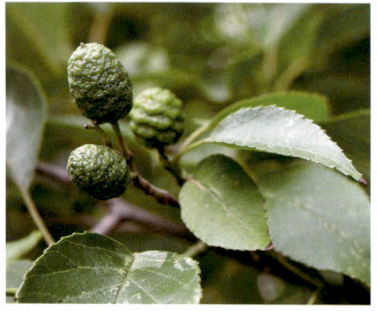

7月の果穂。葉柄が長くしなやかなのも増水時への対応なのだろう

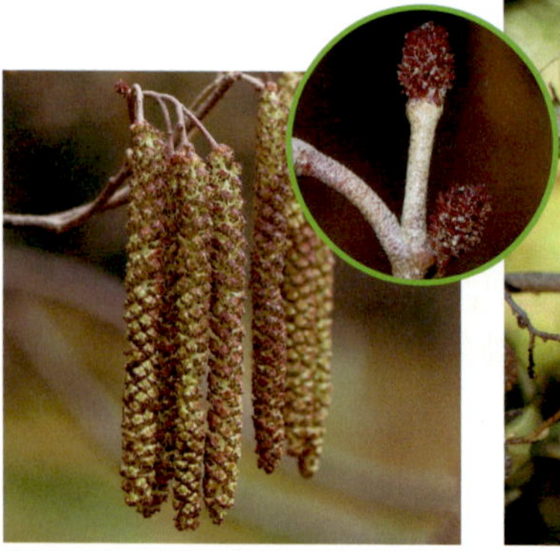

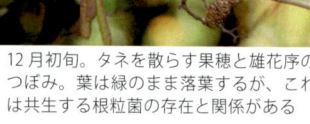

花期は12〜2月。雄花序は長く垂れ、風に飛ぶ花粉は花粉症の原因になる。雌花序(円内)は上向きに小さく点る

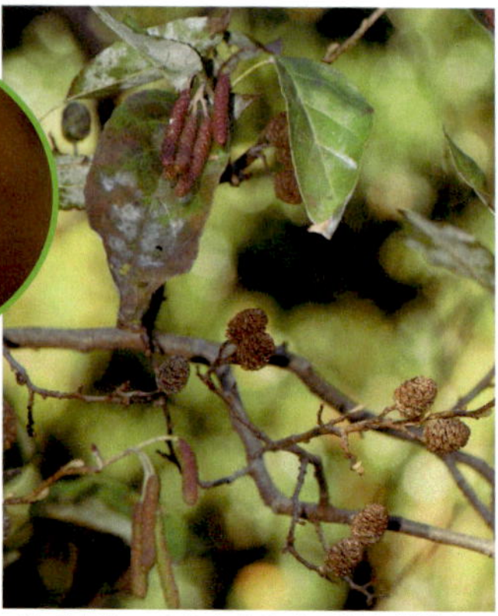

12月初旬。タネを散らす果穂と雄花序のつぼみ。葉は緑のまま落葉するが、これは共生する根粒菌の存在と関係がある

ひらひらの実はスピード結実 〜秋に咲いて秋に実る翼果〜

アキニレ

● *Ulmus parvifolia* ■ニレ科 ●野山や公園・街路の落葉高木

ひらひら / 翼果 / 11〜2月

葉は左右非対称

×1

アキニレの花。風媒花で花びらはなく、柱頭が2裂した雌しべを4個の雄しべが囲む。円内はごく若い実

ハルニレ
同属の近縁種でタネも葉も大きい。早春に咲き晩春に熟す

若い実をつけたアキニレ

花は9〜10月、ほかの木が紅葉してもまだ咲いている。それでいて11月中に実が熟す。わずかひと月の迅速な結実はなぜ可能なのか。タネが安普請なのか。落葉樹にしては厚く濃い葉に秘密があるのか。うちわ形の実の中心近くに径4mmの扁平な種子が1つあって、そこが重心となり、ふわりと散るか、またはニワウルシ（p.31）同様、垂直方向に回転しながららせんを描いて飛ぶ。

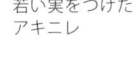

アキニレの実
先端は雌しべの柱頭がくちばし状に残ってくぼみ、短い柄ごと落ちる

薄く小さな実が枝にびっしりとつき、やがてぺらぺらに乾いて冬の風に飛ぶ

風散布

枯葉も散布のお手伝い 〜実のつく枝は、枝ごと散る〜

ケヤキ

- *Zelkova serrata*　●ニレ科　●野山や町の落葉高木

花や実のつく枝の葉は小型で、ふつうの葉より早い時期に展開する

落葉樹の葉は、秋になると基部に離層（りそう）という組織が作られ、枝から安全に切り離される。ところがケヤキの場合、実（痩果（そうか））がつく小枝では、葉の基部ではなく枝の基部に離層が作られる。晩秋に実が熟すと枝の離層も完成して乾く。吹きすさぶ木枯らしに、実は枝ごと空に飛び立ち、葉を翼代わりにふわふわ流されたり、くるくる回ったりしながら飛んでいく。

葉の基部に1〜2個ずつ実がつく

×1

これがケヤキの散布体。実は枝ごと風に飛ぶ

花は4月、小枝の根元のほうに雄花、先端のほうに雌花がつく

正月の羽根つきの羽根にそっくり！ ～萼が変化した回転翼～

ツクバネウツギとツクバネ

- *Abelia spathulata*　●スイカズラ科　●山の落葉低木

ツクバネは衝羽根と書く。5枚の翼を放射状に広げた実は、正月の羽根つきの羽根を思わせる。熟して乾いた実を指でつまんでそっと離すと、くるるるる……。信じられないほどの高速回転で舞い降りる。同属の仲間に園芸種のハナツクバネウツギ（通称アベリア、ハナゾノツクバネウツギ）があり、公園の植え込みで小さな衝羽根をつけている。

ツクバネウツギの花。淡いクリーム色で5月に咲く。赤みを帯びた萼が目立つ

ツクバネウツギの実 5枚の羽根は硬く張りがある

ツクバネウツギの若い実。子房下位で、萼片の下側で実が育つ

園芸種**ハナツクバネウツギ**の実 羽根は2～5枚。交配種なので、しいな（種子が充実しない実）が多い

ハナツクバネウツギの花と若い実。白やピンク色で、春から秋まで長く咲く

ツクバネ
（*Buckleya lanceolata*）山の乾いた尾根に生える**ビャクダン**科の半寄生性植物で、雌雄異株。実は晩秋に熟すと、枝先で下向きにぶら下がる

×1 ツクバネの実

ツクバネの雌花（左）と雄花（右）。花は径4mm、雌花の4枚の苞が翼に育つ

風散布

冬に咲く2度目の「花」のひとひら 〜花の形の集合果と回転する翼果〜

ユリノキ

ひらひら　翼果　11〜1月

● *Liriodendron tulipifera*　●**モクレン**科　●公園や街路の落葉高木（北アメリカ原産）

樹上の集合果。タネは中心部から順に散り、最後はチューリップの花のような形（左上写真）になる。葉はTシャツの形

×1

花は4月末〜5月、径約5cmで美しい。中心に立つ雌しべの束が集合果に育つ

中心部がすでに散った集合果。タネはコルク質で、膨らんだ部分に種子が1個入っている

春にチューリップを思わせる黄緑色とオレンジ色の花が咲く。秋に葉が散ると、梢（こずえ）にセピア色の2度目の「花」が咲く。「花びら」の枚数は多いが、形はやっぱりチューリップ。モクレン科では1個の花から多数の実ができて集合果を形作る。ユリノキの集合果は松かさ状で、それが1片ずつくるくる回って風に散り、最後に外側一列がコップ状に残り花に見える。

しゃらしゃらこぼれる薄いタネ 〜小さなヒメシャラと大きなナツツバキ

ヒメシャラ

● *Stewartia monadelpha*　●**ツバキ**科　●山や街の落葉高木

すべすべ樹皮がすてきな山の木で、同属のナツツバキとともに庭や並木に植えられる。花は愛らしいが寿命が短く、次々に散る。若い実はむく毛をまとい、とんがり頭にロバの耳のような2枚の苞が特徴。秋に硬く乾いて口が開き、扁平で周囲が翼となったタネ（種子）が風に散る。抜け殻の実も翌夏まで枝に残る。ナツツバキの実やタネはひと回り大きい。

ヒメシャラの実とタネ
割れ目に2個ずつ、計10個のタネが入っている。果皮は厚く木質化して長く枝に残る

ヒメシャラの若い実。ロバの耳のような苞が特徴。茶色いのは前年の実

6〜7月、枝の上側に白い花が咲く。花は径1.5〜3cm程度

ナツツバキ
実はヒメシャラより大きいが、果皮はやや薄い。タネは10個で翼があまり発達しない

ナツツバキの花は径約6cmで、縁がフリル状に波打つ

ナツツバキの若い実

風散布

タネを飛ばす樹上のイガボール 〜球状の集合果と翼をもつ種子〜

モミジバフウ

● *Liquidambar styraciflua*　●マンサク科　●街路や公園の落葉高木

美しい紅葉とイガグリ状の集合果。葉はモミジに似るが互生する

4月の花。もこもこと集まって立つのは雄花序、球状で1つずつ垂れるのが雌花序

完熟直前の集合果。多数の蒴果がそれぞれ開きかけている

モミジバフウ ×1

晩秋に落ちてくる集合果。硬く光沢があり、クリスマス飾りに使える。すでにタネは飛び去っている

フウの葉

2cm

フウの集合果とタネ。フウは中国原産の仲間で、集合果のイガは細かい

×1

街に植えられる北アメリカ原産の木。見上げると、イガ栗のような実が垂れている。これは多数の実（蒴果）が球状に密集した集合果で、とがるのは雌しべの残存。秋に鳥のくちばしのようにそろって口が開き、翼をもつ細長いタネが小さく回って飛び立つ。集合果は硬く丈夫で、リース材料に。近縁種のフウは中国原産で葉が3裂し、集合果のイガは数が多くて細い。

超ウルトラCのひらひら飛行 〜回転軸をずらした翼果〜

ニワウルシ（シンジュ）

● *Ailanthus altissima*　●**ニガキ**科　●公園や野山の落葉高木（中国原産）

もとは中国産の有用植物で公園などに植えられるが、タネ（翼果(よくか)）があちこちに飛んで野生化した。飛び方は独特だ。薄い翼を大きく広げたほぼ中央に種子があるが、きまって重心は少しずれ、翼の端が軽くねじれる。その結果、上下方向にくるくる回転しながら、水平方向に大きく弧を描くようにゆっくりと飛ぶのだ。体操なら、前方宙返りにひねりも入って金メダル！

キャンディーの包みを連想させるタネは、複雑な回転飛行をする

大きな羽状複葉でウルシに似るが、ウルシ科ではなくかぶれない。明るい場所に生え成長が早い。蛾のシンジュサンの食草で、葉の縁に蜜腺がある（8月）

雌雄異株で、これは雄株。花は5〜6月に咲く。花は雌雄とも径7mmと小さく緑白色で地味だが、甘い蜜と独特のにおいを出してハチを集める

雌株の花はことに地味で気づきにくい。子房は5つに分かれ、それぞれ独立に育つので、1個の花から最大5個の実ができて房になる

6月末の若い実。この時期はオレンジ色で遠くからも目立つ

風散布

ドラえもんのタケコプター⁉ 〜くるくると高速回転する翼果〜

イロハカエデ

- *Acer palmatum* ●**ムクロジ科**（旧カエデ科）
- 野山や公園の落葉高木

ひらひら　翼果　10〜12月

×1

イロハカエデのタネのペアは、ほぼ水平に向き合ってつく。若いタネは赤みを帯びていることが多い

1cm

枝についているときは、きまって2個セットのタケコプター。でも飛ぶときは1個ずつ

花は4〜5月。長い雄しべが突き出る雄花と、くるりと丸まった柱頭をもつ両性花がある。両性花にはもう小さなプロペラがみえる

カエデ類のタネ（翼果（よくか））は2個セット。枝についている姿はドラえもんのタケコプターにそっくりで、いかにもそのまま飛び立ちそうだが、2個くっついたままだと投げてもすとんと落ちてしまう。タネが飛ぶときは1個ずつ。重心が著しく偏るため、くるくる高速で回転しながら落下する。回転することで滞空時間をかせぐ間に風に会えれば、タネは遠くまで旅ができる。

中国渡来のカエデもヘリコプター 〜高速回転を生む翼の秘密〜

トウカエデ

●*Acer buergerianum*　●**ムクロジ**科（旧カエデ科）　●公園や街路の落葉高木

なぜ、カエデ類のタネはどれも2個セットなのだろう。適応的な意味があるとは思わない。カエデは葉も枝も対生する。すべて左右対称に作るのがカエデの設計方針なのだろう。ところで翼には細かいすじ状の隆起がある。これをヤスリで削ると、回転数が減少し、揚力（ようりょく）が著しく低下してしまうのだ。微細な隆起が気流を整えて回転を生み出し、飛距離を延ばすのに貢献している。

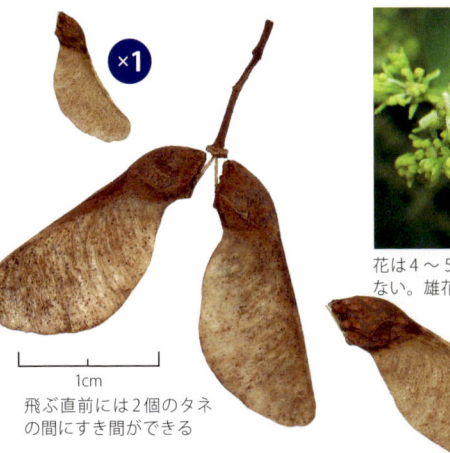

花は4〜5月、淡黄色であまり目立たない。雄花と両性花がまじってつく

1cm
飛ぶ直前には2個のタネの間にすき間ができる

たわわに実るトウカエデのタネ。2個のタネはあまり開かず、鋭角をなす

風散布

不思議な形のヘリコプター 〜果序にくっついた総苞の翼〜

ボダイジュ

ひらひら 果序 9〜11月

- *Tilia miqueliana*　●**アオイ**科（旧シナノキ科）
- 寺や公園の落葉高木（中国原産）

葉に実がつくように見えるが、葉ではなくヘラ状の総苞（そうほう）で、中途まで果序（かじょ）の柄と癒合（ゆごう）している。黄葉の季節、一陣の風が吹き渡ると、総苞は1〜3個の実（堅果（けんか））をぶら下げたまま枝を離れ、ヘリコプターのようにくるくる回って降りてくる。中国原産で聖なる木としてよく寺の境内に植えられる。日本にもシナノキなど類似の実をつける仲間があり、公園や街路樹に植えられる。

茶色く乾いた総苞を翼にして果序は枝を離れる。拾ったら高く投げ上げてみよう

×1

ボダイジュ
シューベルトの歌曲で有名なセイヨウボダイジュ（リンデン）はこの仲間

丸い実の中に硬い種子が1個入っている

枝に下がる若い果序。十数個の花のうち実になるのは1〜3個

シナノキ
日本の山に生える落葉高木で、ハート型の葉がきれい。実は径5〜7mmで、果序の枝は横に広がる。花は白く、6〜7月に甘く香り、良質の蜂蜜が採れる

×1

ボダイジュの花は黄白色で6月に咲き、甘く香る

くるくる回るボートの実 〜果皮の断片に種子が乗る〜

アオギリ

袋果の断片 9〜10月

● *Firmiana simplex*　●**アオイ**科（旧シナノキ科）　●街や公園の落葉高木

不思議なボート形の実。実は花後すぐに5つに分かれ、それぞれ袋状に膨れて成長する。袋の内部には水がたまり、タネは水中で育つ。夏に袋は上部から縦に裂けて開き、5艘のボートができる。その縁にちょこんと丸いタネの乗組員が2〜4粒。秋にボートは樹上で乾くと、タネを縁に乗せたまま、風に吹かれて枝を離れ、船底を下に、回転しながら落下する。

大きく裂けた葉を広げた樹上に、まるで枯葉の集団のように実が熟す

1個の雌花から育った若い実。この後、ヒトデの形に開く

2cm　袋状の実が縦に開いてボート形になる。上部から徐々に裂けて乾くので、中の水がこぼれない

雄花
雌花

花は7月。黄白色の雄花（上）と赤い斑のある雌花（下）が大きな花序に混じって咲く

×1

投げて遊べる楽しいボート形の実。タネは炒って食用もしくはコーヒーの代用になる

35

風散布

くす玉の実とひらひらのタネ 〜丸い実と回る片翼の種子〜

サルスベリ

 ひらひら 種子 11〜12月

- *Lagerstroemia indica*
- ミソハギ科
- 庭や公園の落葉小高木

夏から秋にかけて千代紙細工のような花を咲かせたサルスベリも、葉が色づけば冬支度。枝先に光る真ん丸の実（蒴果）も、中にタネを用意した。葉もすっかり枯れた頃、丸い実が乾いてくす玉のように口を開くと、くるるる……、背中を丸くかがめた小さなタネが、風に光りながら降ってくる。中国原産の花木で、百日紅とも呼ぶ。

紅葉した枝先に丸い玉の実が光る

翼をつけたタネ。くるくると小さく回転しながら飛ぶ

丸い実は、ちょうどくす玉が割れるような形に口を開く。1個の実に種子は約30個 5mm

花は7〜9月。千代紙細工の花びらと長短2型の雄しべが特徴

 ×1

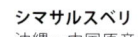

シマサルスベリ
沖縄〜中国原産の近縁種で、花は小型で白く、実は細長い。

細長い実と房飾りの種子 ～翼の役割を果たす毛～

キササゲ

ひらひら　種子　11~12月

● *Catalpa ovata* ● **ノウゼンカズラ**科 ●人里や河原の落葉高木

キリに似た大きな葉を広げた枝に、豆のササゲを思わせる細長い実の房が垂れる。実（蒴果）は長さ30～40cm、晩秋に裂けると両端に毛の房をつけた平たい種子が風に飛ぶ。種子は荒廃した河川敷などで芽を出すとすぐ成長し、高さ1m前後に育つともう花を咲かせて実を結び種子を作る。もともと中国原産の薬用植物だが、そういうわけで各地に野生化している。

花は6月、キリに似て黄白色で大きな花序が立つ

河原に野生化した木をよく見る

ノウゼンカズラの実

ノウゼンカズラの裂けた実

実は縦に裂けてタネが風に散る。毛が平たく並んで翼の役割をする。長さ30.5cmの実に132個の種子が入っていた

同じ科の**ノウゼンカズラ**のタネは薄い翼をもち、グライダーのように滑空する。この科の植物はタネに広い翼をもつ種類が多い

風に舞い上がる紙吹雪 〜檻の中に重なる薄膜の種子〜

ウバユリ

風散布

ひらひら / 種子 / 11〜1月

● *Cardiocrinum cordatum*　●ユリ科　●林床の多年草

直立する茎の頂に数個の実（蒴果）をつける。晩秋、実はぱっくり口を開ける。中にぎっしり、パイ菓子を思わせる薄膜のタネ。弱い風にはぴくりとも動かない。でも木枯らしの強風が横なぐりに吹くと、ひらひらひら……。実の裂けた部分には両側から繊維が籠状に伸び、風は通すが、タネがこぼれ出るのは防ぐ。風は子房の隔壁にぶつかり、タネを紙吹雪のように舞い上げる。

強い風が吹くと、実をつけた枯れ茎は小刻みに揺れ、実の檻格子の中でタネも揺れる。ゴーッと風がうなりをあげた瞬間、薄膜の種子はいっせいに舞い上がった

1cm

花は細く狭く開く。開花結実した株は枯れる

若い実。実は長さ約5cm。中には種子が約600個

開いた実。裂けて広がった部分には繊維が籠状に残る。一度開いた実は濡れても閉じない

グライダー vs. ヘリコプター ～下に開くヤマノイモと上に開くオニドコロ～

ヤマノイモ・オニドコロ

ひらひら　種子　10〜11月

● *Dioscorea japonica* ・ *Dioscorea tokoro*　●**ヤマノイモ**科　●野山のつる性多年草

どちらもよく見る雌雄異株のつる植物だが、イモやむかごを食べるのはヤマノイモ。オニドコロは苦くて食べられない。どちらの実も3稜でタネが2個ずつ計6個入っているが、ヤマノイモの実の各片は丸耳状で下向きに開き、無風でも滑空する円盤のタネを順次そっとリリースする。オニドコロの実の各片は長楕円形で上向きに開き、片翼のくるくる回るタネを風に飛ばす。

ヤマノイモの雌株。花は下向きに咲いて下向きに蒴果が実る。むかごは栄養繁殖体で雌雄どちらにもでき、秋にこぼれてクローンの子株となる。

オニドコロの雌株。垂れた花序に、花は上向きに咲いて上向きに実る。むかごはできない

オニドコロの果序とタネ
上向きに開いた実の中でタネのヘリコプターは風を待ってスタンバイ。高速回転しながら風に乗って運ばれる

ヤマノイモの果序とタネ
下向きに開いた実は少しずつ広がってタネをリリースする。タネは無風でもグライダーのように滑空する

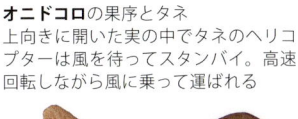

×1

サッカーボールからオブジェへ 〜乾いて変形する球状の球果〜

サワラ・ヒノキ

ひらひら / 種子 / 10〜11月

● *Chamaecyparis pisifera*・*Chamaecyparis obtusa*　●**ヒノキ**科　●山や公園の常緑高木（針葉樹）

風散布

サワラやヒノキは鱗状の葉をもつ針葉樹の仲間。春に咲いた雌花は丸い球果に育ち、その年の秋に熟して種子を出す。秋に球果を採ってきて机におき、芸術的な立体オブジェに変形する過程を観察すると楽しい。サワラの球果は金平糖（こんぺいとう）状で、種子は薄く大きな翼があり、風にひらひらと散る。ヒノキの球果は直径が約2倍で、種子も厚めで周囲に狭い翼がある。

サワラ。春に咲いた花は、その年の秋に熟す。球果は夏前にはぷっくり膨らみ、緑色のまま、タネが熟すのを待つ

×1

サワラの球果とタネ
裂開直前の球果をおいておくと、開いて中からタネがこぼれ出る

ヒノキの球果とタネ
球果はまん丸で、サッカーボールにそっくり。サワラ同様、秋に裂けてタネを散らす

サワラの雄花（左）と雌花（右）。雄花も雌花も若い枝先につく

ヒノキの球果

トゲトゲすぎるぞスギぼっくり!? ～球果は枝の変形～

スギ

ひらひら　種子　11~12月

● *Cryptomeria japonica*　● **ヒノキ**科　● 山の常緑高木（針葉樹）

サワラやヒノキは葉も球果も鱗状で、スギは葉も球果もトゲトゲだ。針葉樹の球果(きゅうか)は枝の変形で、中央の軸は茎、種鱗(しゅりん)は葉から変わったものなので、特徴も似てくるというわけだ。スギやコウヤマキの若い球果の先端に、よく小枝が伸びているが、これも球果が枝に由来することを物語る。左下写真は10月、緑はこれからタネを散らす今年の球果、茶色は昨年の球果である。

ちくちく痛いスギの枝に、ちくちく痛い球果がつく。茶色いのは去年、緑色は今年の球果（10月）

上：スギの雄花。花粉症の犯人だ。下：スギの雌花。花期は2～4月。

タネには狭い翼がある

5mm

×1

種鱗の1つ1つは大きな爪のあるショベルカーのような形をしている。球果のてっぺんからしばしば枝が伸びる

コウヤマキの球果
マツに似た球果の頭から葉が出て、パイナップルのよう

41

風散布

結んで開いてまつぼっくり〜晴れた日にタネを飛ばす球果〜

クロマツ

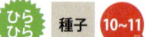

●*Pinus thunbergii* ●**マツ**科 ●海岸や庭園の常緑高木（針葉樹）

ひらひら｜種子｜10〜11月

秋の晴れた日にマツの下を歩くと、薄い翼をつけたタネ（種子）が高速で回りながらゆっくり落ちてくる。前年の春に咲いた雌花が1年半かけて樹上で熟し、乾いて開いた球果のすき間からタネが旅立ったのだ。タネは球果の種鱗の1ひらに2個ずつ作られ、乾いて飛びやすい日にだけ飛ぶ。球果やタネはアカマツのものとよく似ていて、幹や葉がないと識別は難しい。

タネの薄い翼はこわれやすく、地面に落ちるとほどなく脱落する

4〜5月、新梢のてっぺんに赤い雌花がつく。新梢の基部にはオレンジ色の雄花。アカマツの雄花は黄色い。去年の雌花が若いまつぼっくりに育って秋の熟期を待っている

まつぼっくりは乾くと開き（左）、濡れるとすぼむ（右）。熟して開いたまつぼっくりは、何度でもこの運動をくり返す

×1

バラの花とスルメイカ!? 〜樹上で分解する大きな球果〜

ヒマラヤスギ

ひらひら　種子　11〜12月

● *Cedrus deodara*　●マツ科　●公園の常緑高木（針葉樹）

夏から秋にかけて、枝の上に高さ10cm以上ある大きな球果が直立する。私のまつぼっくりコレクションに加えられたらすてきなのに、残念、そのままの形では落ちてこない。完全に熟すと樹上でバラバラに分解してしまうからだ。地面で拾えるのは、のしイカのような形の種鱗（しゅりん）と、薄い三角形の回転翼をもつ種子、それにバラの花を思わせる球果の先端部分。

雄花のつぼみ。10〜11月に成熟し、黄色い花粉を大量に飛ばす

樹上で熟してばらける寸前の球果。松ヤニが出ている（9月）

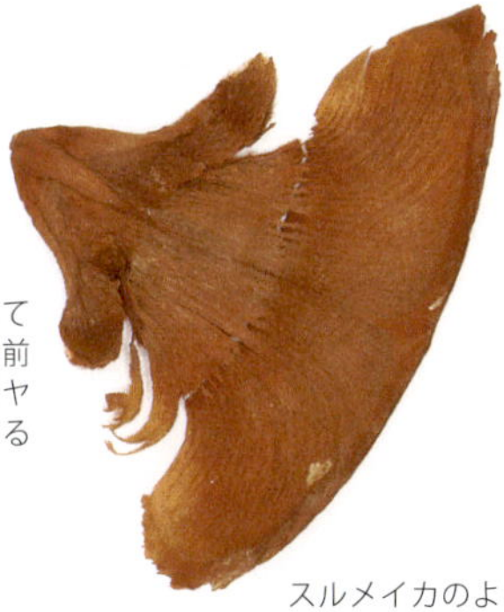

スルメイカのような形をした種鱗

種子は三角形の翼を広げる

×1

球果の先端部分だけはそのままの形で落ちてくる。バラの花そっくりで、ブローチや装飾に使われる

塔のてっぺんののぞき穴 〜天窓からこぼれる微細な種子〜

ナガミヒナゲシ

●*Papaver dubium*　●**ケシ**科　●道端や空き地の一年草

微細　種子　4〜5月

風散布

花は4〜5月。花径は栄養状態により1〜5cmと変動する。柱頭は円盤形で放射状の隆起がある

地中海沿岸原産の野生ヒナゲシ。朱赤の花は径5cmほどで可憐だが、都市や近郊の外来雑草として急増中。実（蒴果）は熟すと上部に一列の窓が開き、多数の微細な種子が風にこぼれる。育ちの悪い小さな株も極小の実を結んで種子を作り、群落全体では膨大な数の種子が作られる。種子は二次的に人のくつや車のタイヤに付着しても運ばれ、道沿いに急速に分布を広げる。

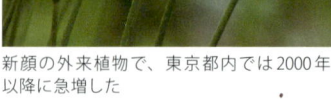

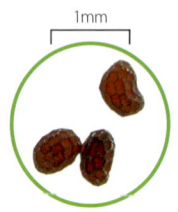

新顔の外来植物で、東京都内では2000年以降に急増した

1mm

種子の表面には細かい網目模様がある

×1

長さ1.7cmの実が約1,000個の種子をばらまく。繁殖力が強く、1990年代以降に急増した

タネが待つのは明るい未来 〜眠ってチャンスを待つ種子〜

メマツヨイグサ

微細 | 種子 | 9〜12月

- *Oenothera biennis*　●**アカバナ**科　●野原や空き地の二年草

北アメリカ原産の帰化雑草。夜毎に咲いて実を結び、秋の風に種子を散らす。開花株は全資産を種子生産に注いで枯れるので、種子の数は多い。明るい地面に落ちた種子は春に芽を出すとロゼット※の形で最初の1年を過ごすが、暗い地面では発芽せずに長い休眠に入る。空き地ができるとどこからともなく咲き出るのは、こうして何十年も機会をうかがっていた埋土種子による。
※地際から葉を放射状に広げる生活形

花は径3〜6cm。夏の夜に咲き、甘い香りと蜜で誘って蛾に花粉を運ばせる

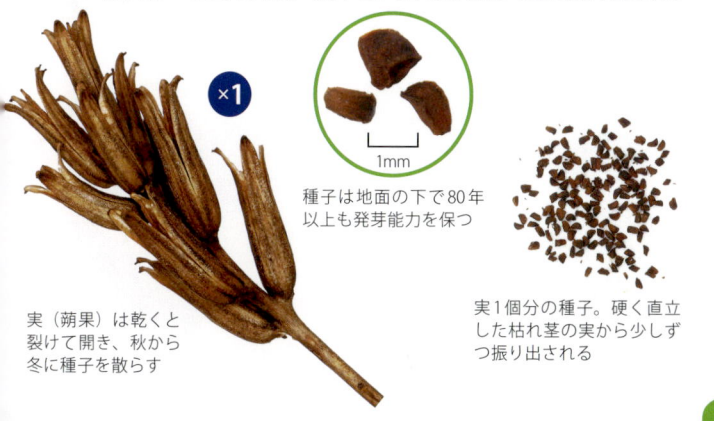

×1

1mm
種子は地面の下で80年以上も発芽能力を保つ

実（蒴果）は乾くと裂けて開き、秋から冬に種子を散らす

実1個分の種子。硬く直立した枯れ茎の実から少しずつ振り出される

湯呑み茶碗に箸3本 〜かわいい花の不格好な実〜

ウツギ

●*Deutzia crenata* ●**アジサイ**科（旧ユキノシタ科） ●野山や庭園の落葉低木

微細 / 種子 / 11〜12月

風散布

若い実をよく見ると、二重構造のお椀の中心から数本の棒が突き出ている。雌しべの花柱である

5月に咲く白い花は「卯の花」と呼ばれて親しまれ、童謡にも歌われる

卯の花として親しまれる白い花。花の後には、湯呑み茶碗に箸を突き立てたような、ちょっと不格好な実ができる。茶碗は二重構造で、外側は萼の残存、内側が果皮にあたる。「箸」は雌しべの花柱で3〜4本あり、実が熟す頃に外側に向かって広がると、中心に開口部ができて種子が散る。種子の本体は約1mm、両端に薄く壊れやすい膜状の翼があり、風に舞う。

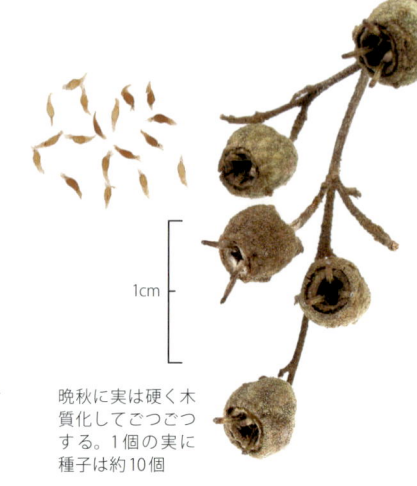

晩秋に実は硬く木質化してごつごつする。1個の実に種子は約10個

花柄のひそかなアスレチック ～ハナバチを待つ花と風を待つ実～

アセビ

- *Pieris japonica* ● **ツツジ**科 山や庭園の常緑低木

微細 / 種子 / 12〜3月 / ×1

花は2〜4月、白い釣り鐘状で愛らしい。1年前に咲いた花は、そのすぐ下で実となって、最後の仕事にかかっている

6月上旬、若い実が育つ。前年の実にもまだ少し種子が残っていた

5mm

1個の実に種子は約50個。実から突き出るのは雌しべの花柱

春の花は下向きに咲き、初夏以降の実は上向きにつく。花が終わるとすぐ、柄が上向きに曲がって伸びるのだ。器用で働き者のハナバチ類を待つ花は、愚鈍なハナアブを除外するべく下を向き、時間をおいて少しずつタネを散らしたい実は上向きに開くというわけだ。冬から春にかけて実は少しずつ開口部を広げ、長さ2mmほどの細かいタネを風に乗せて順次送り出す。

47

風散布

華麗なレースのフリル 〜微細な種子のはっと息を呑む美しさ〜

キリ

微細　種子　11〜1月

● *Paulownia tomentosa*　●**キリ**科（旧ゴマノハグサ科）　●人里の落葉高木

中国渡来の有用樹。材は白くて軽い高級材。春に咲く淡紫色の花も美しい。種子はホコリのようだが、虫眼鏡で見れば、ほら、こんなに美しい。2部屋に分かれた実に膨大な数の種子が詰めこまれ、半開きの口から吹き込む風に少しずつ旅立つ。繊細なレースのフリルを広げて、種子は軽やかに風に舞い、明るく開けた場所で巨大な葉を広げてすくすくと育つ。

5月、枝先に大きな花序が立つ。去年の実の殻もまだ枝に残っている

10月。実が熟す直前、実の重みで枝はしなう。来年咲くつぼみも用意できた

×1

実は乾くと堅く木質化し、上半部が裂けて微細で膨大な種子を風に散らす。左は若い実

種子

2mm

寄生植物の数の論理 〜貯蔵栄養を削減してチャンス拡大〜

ナンバンギセル

微細 ： 種子 ： 9〜10月

- *Aeginetia indica* **ハマウツボ科** 野山の一年生寄生植物

一般に植物は、芽が育つのに必要な栄養をタネに詰めて送り出す。だがナンバンギセルは葉緑素をもたない寄生植物。タネは、寄生相手であるススキやミョウガなどに出会うと、その根の滲出物質を手がかりに発芽し、最初から栄養を奪って成長するので、貯蔵栄養は必要ない。そこでタネを小さくできた分、数は膨大に多くして、出会いのチャンスを広げる作戦だ。

ススキの根に寄生し、高さ15cmほどの花茎を立てた。実は苞の中で熟す

花は7〜9月。横向きの花はキセルの雁首を思わせる

種子は径0.25mm、重さ0.0007mg

実を切ると、微細な種子がぎっしり。果皮はぼろぼろに破れてタネが風に風に散る

5mm

1mm

風散布

ラン科の微細なダストシード 〜埃のように軽く宙を舞うタネ〜

シラン

微細 / 種子 / 11〜1月

- *Bletilla striata* ● ラン科 ● 野山や庭の多年草

日本の美しい野生ラン。庭では株分かれで増えるが、実生（みしょう）はまず見ない。ランの種子は0.01mg以下とホコリより小さく養分の蓄えもないため、自然発芽には共生するラン菌の存在が必要で、生育条件も限られるのだ。種子は発芽直後からラン菌の菌糸を引き込み、一方的に栄養をもらって成長する。種子は小さい分、数は多く、1個の実に数万から数十万。

若い実（蒴果）。ハナバチの仲間が花粉塊を運んで結実する

熟すと実にすき間ができ、綿ぼこりのようなタネが風に漂う

花は5月。写真は植栽品。野生状態では絶滅に近い

種子 1mm

実の断面。無数のタネが詰まっている

×1

顕微鏡サイズの空気袋 〜葉緑素を持たないランの微細種子〜

タシロラン

微細 | 種子 | 6〜8月

- *Epipogium roseum*　●ラン科　●照葉樹林の腐生性（菌寄生性）多年草

薄暗い林の落ち葉の積もった林床にぬうっと白く、菜箸（さいばし）のような茎を立てて咲く。ランの仲間の多年草だが葉緑素を欠き、落ち葉を分解する菌類から栄養を奪って一生を過ごす。花は咲くが早いか、わずか数日で実が熟す。極小サイズのタネにはラン科の種子に一般的な翼すらなく、たった一層の細胞からなる空気袋をまとい、ほんの少しの空気の流れにもふわふわと漂う。

0.1mm

顕微鏡で見た種子。種子は長径0.15〜0.2mm。一層の細胞からなる種皮の中にある色の濃い部分が胚。胚は径0.03mmほどしかない

熟して裂開した実（蒴果）。黄土色の粉状のものが種子

葉緑葉を持たない腐生植物。菌類に寄生するので菌寄生植物ともいう。高さ30〜50cmほど

花は6月末〜7月上旬、同花受粉を行い（円内）、ほぼ100%実を結ぶ

水散布

瞳を開けて雨を待つ ～雨滴のパワーでタネを飛ばす～

ヤマネコノメソウ

水(雨滴) / 種子 / 4～5月

- *Chrysosplenium japonicum* ●**ユキノシタ**科 ●湿った野山の小さな一年草

林下の湿った場所に生える小さな草。花は早春に咲き、周囲の草木が起き出す頃にもう実を結ぶ。実は上を向き、お椀の形に開く。盛られているのは茶色い小さなタネの粒。タネはここで雨を待つ。雨のしずくがぴちょんとお椀に飛び込んだ次の瞬間、タネは水滴とともにあたりに飛散する。この仲間は日本には十数種類あり、いずれも湿った場所に生える。

5mm

お椀状に開いた実とタネ

1mm

タネの端に糸状の胎座（親植物との接続部分）が残る

花は3～4月。丸っこい葉に囲まれて黄緑色の花が咲く

ネコノメソウの花とタネ

ツルネコノメソウの実とタネ

ヤマネコノメソウの群落。ヤマネコノメソウは茎葉が互生するのが特徴（4月下旬）

雨の日の**イワボタン**

雨に奏でる小さなラッパ 〜花も実も不思議な形の小さな草〜

コチャルメルソウ

水（雨滴） | 種子 | 5〜6月

- *Mitella pauciflora*　●ユキノシタ科　●山の渓流沿いの多年草

ラーメンの屋台が奏でるラッパがチャルメラで、実の形がラッパ形なのでこの名がついた。チャルメルソウの仲間も実が熟すと上向きのお茶碗になる。雨滴のパワーを利用して小さなタネを飛び散らせるのだ。梅雨のさなか、濡れながら沢沿いを登ったら、あちこちで小さなお椀にぴちょん、ぴちょん。雨の登山にも楽しい発見があるものだ。春にはムカデを思わせる花が楽しい。

5mm

渓流沿いの岩に生える。草丈は20〜30cmほど

6月の雨の日。タネが飛ぶ前（左）と飛んだ後（右）

花は3〜5月。魚の骨のような形の花びらが5枚。節足動物を思わせる

53

水散布

雨に濡れて開くセピアの「花」〜乾湿運動で開閉する実〜

ユウゲショウ (アカバナユウゲショウ)

水雨滴 / 種子 / 6〜11月

- *Oenothera rosea*　●**アカバナ**科　●庭や道端の多年草

紅色の花が愛らしい南アメリカ原産の帰化植物で、春から秋まで咲く。熟した実は雨に濡れると4裂して開き、小さなタネがしずくの直撃を受けて飛び散る。タネの表面には粘着物質があり、濡れると粘る。分布がよく道沿いに広がるのも、車に付着してタネが運ばれるからだろう。茎が枯れた後も、実は雨のたびに開き、枝にセピア色の小さな「花」が咲く。

実は熟すと乾き、雨に濡れて口を開く。口を開いた実の中には小さなタネがぎっしり。左の写真は2点とも雨の日に撮影

タネは0.7mmの紡錘形。濡れると表面がべとつく

1mm

花は5〜10月、径約1cmで愛らしい

乾いて閉じた実　　濡れて開いた実

5mm

大口を開く、ろくろっ首 〜雨に飛び散る微細種子〜

フデリンドウ

水（雨滴） / 種子 / 5〜6月

● *Aeschynomene indica*　●リンドウ科　●明るい野山の二年草

春先の愛らしい花は、花後に大変身を遂げる。花の首（子房柄）が長〜く伸びて、その口がかぱっ、大きく開くのだ。開いた口の中には微細なタネが充満。ただし常時ではなく、雨を前に空気が湿ると開き、乾燥すると閉じる。そして雨粒に打たれてタネが飛散する。開閉をくり返すたびに首はさらに長く伸び、しまいにはろくろっ首のようになる。

5mm

からっと晴れた日、実は固く閉じ（右）、雨の日、実は大きく口を開く（左）

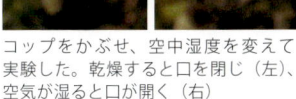

コップをかぶせ、空中湿度を変えて実験した。乾燥すると口を閉じ（左）、空気が湿ると口が開く（右）

野外での観察。タネの残っている実（左）とすべて飛散した実（右）

微細なタネは長さ0.3mmの紡錘形

1mm

花は4〜5月。二年草で、2年目の春に開花し、結実後に株が枯れる

山の湿原に生える**タテヤマリンドウ**（ハルリンドウの高山型変種）も同様の実やタネをつけるが、タネはひと回り大きい

水散布

水辺のバラバラ事件⁉ 〜分解して水に浮く莢〜

クサネム

● *Aeschynomene indica*　● マメ科　● 湿地や田んぼの一年草

水　分果　9〜11月

水辺に生えるこの草は、水の運搬力を利用する。ネムノキ似の葉が霜枯れるころ、長さ3cmほどの莢（さや）は熟して乾き、軽くて丈夫なコルク質になる。これがじつに面白いのだ。名づけてバラバラ事件の実。触れるだけで節ごとに分解する。莢の断片は1個ずつタネを包んで水に浮いて運ばれる。水に浸かった莢の中でタネは発根し、根が錨（いかり）の役をして定着する。

莢は厚いコルク質で、断片に分かれて軽々と水に浮く

秋のクサネム。実の莢は熟すそばから分解して散る

×1

バラバラに分解する莢。右端は莢から取り出した種子

花は7〜9月、淡いクリーム色で長さ約1cmの蝶形。葉は夜に閉じて眠る

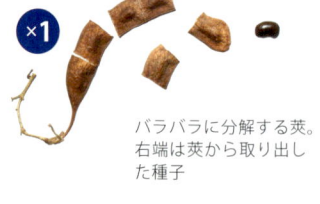

水に落ちた莢から、すぐに根が出る。これが錨の役割を果たす

悠久の時を生きる釈迦の花 〜ハスの名は蜂巣が語源〜

ハス

水 | 痩果 | 9〜10月

- *Nelumbo nucifera*　●ハス科　●池や田の水生多年草

花の中心の円錐台の部分（果床）は、じょうろか蜂の巣のように穴があき、その中に1個ずつ埋もれてタネ（痩果）が育つ。タネは非常に硬く発芽しにくい一方で寿命が長く、泥の中で千年以上眠り続けることもある。時間軸の先へも散布されるタネなのだ。栽培では、果皮を削って水に沈めるとすぐに芽が出て葉が水面に開く。芽生えの段階でも運ばれるのかもしれない。

実が熟した果床（上）と若い果床（下）

×1
硬い殻の中身はデンプンに富み、食用とされる。タネの比重は約1で、水底でゆらゆらたゆたう

秋に果床は下を向き、タネは水中に沈む

花の中心部が「蜂巣」に育つ

水散布

空気を含んだ浮き輪のタネ 〜水辺に増えた外来種〜

キショウブ
● *Iris pseudacorus* ●**アヤメ**科 ●水辺の多年草

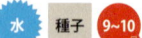

水 | 種子 | 9〜10月 | ×1

明治時代にヨーロッパ原産の園芸植物として日本に来て、各地の水辺に野生化した。植えるとタネが育って株があちこち増えてしまうのだ。花はよく結実し、ツナ缶のような形をしたタネがぎっしり詰まった実ができる。熟したタネは大きさの割にごく軽い。硬く丈夫な外皮の中にタネ本体とたっぷりの空気が詰まっているからだ。タネは軽々と水に浮き、新たな水辺にたどり着く。

5〜6月、ハナショウブ大の黄色い花が次々に咲いては実を結ぶ

実は熟すと先端から裂け、50個前後のタネを吐く

実は長さ7cmほどで3稜があり、中は3室に分かれてタネが熟す

1cm

タネは軽く水に浮く

水に運ばれる天然のビーズ 〜硬い苞鞘に守られた野の穀物〜

ジュズダマ

水 | 苞鞘 | 9〜12月

● *Coix lacryma-jobi* ● **イネ科** ●水辺や野原の多年草

しずく形のタネの中心に穴が貫通し、糸を通して数珠が作れる。硬い殻の部分は苞鞘といって、花や実を保護する葉の変形。内部に雌花が1個あり、穀粒に育つ。ハトムギの原種と聞き、トンカチで殻を割って食べてみた。モチモチしてけっこういけるが、お猪口にひと並べ集めるのにも30分。硬い苞鞘の防衛力には人も（たぶんネズミも）完敗。苞鞘の断面や内部に空気を含み、水に浮いて運ばれる。

秋、濃淡様々にタネが熟す。東南アジア原産で、古い時代に薬用・工芸用に渡来して野生化した

×1

形態学的には実でも種子でもなく、1個の穀粒を葉の変形である苞鞘が包み込んだもの

苞鞘の断面。3個の雌花のうち1個だけが実り、残り2個と雄花序の軸が枯れた跡がビーズの「穴」となる

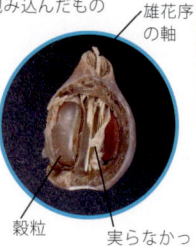

雄花序の軸 / 穀粒 / 実らなかった雌花の跡

花期。苞鞘のてっぺんの穴から雄花序と雌しべが時間差で伸び出る。上の苞鞘は雌しべの受粉後に雄花序の雄花が葯を垂らして花粉を風に飛ばし、下の苞鞘は2裂した雌しべが花粉を受けている

弾けて飛んでくっついて 〜小さな雑草の「タネつけ」作戦〜

タネツケバナ

自動付着 / 種子 / 4〜6月

- Cardamine scutata
- **アブラナ**科
- 田畑や道端の一年草

小さな雑草。花はナズナに似た白い4弁花で、散ると細長い実が斜めに立ち上がる。花が終わったころに実に触ると、ピピピピッ！ いっせいに実が弾けてタネが飛ぶ。震動をきっかけに果皮(かひ)が瞬間的に丸まり、中のタネを弾き飛ばしたのだ。あとには薄く透ける膜状の隔壁が残る。弾けた直後の種子は表面に粘液をまとい、人の足についてさらに運ばれる。

庭先の若い実。もう少し熟すと弾けさせて遊べるようになる

田んぼに咲いたタネツケバナ。種籾を水に漬けるころに花が咲くのが名の由来

×1 実の両側の皮が瞬間的に丸まり、中のタネを弾き飛ばす。果皮の内側の細胞が水を吸って限界以上に膨らんだことによる膨圧運動だ

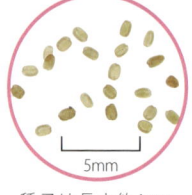

種子は長さ約1mmの平たい楕円形。飛んだ直後は粘液で濡れている

莢から飛び出すフリスビー 〜裂けてねじれてタネを飛ばす〜

フジ

自動　種子　11〜1月

● *Wisteria floribunda*　● マメ科　● 野山や庭園のつる性落葉樹

日本生まれの美しい花。春には野山に自生のつるが薄紫色のベールをかける。庭園では株を弱らせないため実を切除するが、自然には柔らかな毛の生えた大きな莢(さや)がぶら下がる。冬に熟して乾くと、莢は2つに裂けてねじれ、タネをフリスビーのように弾き飛ばす。写真の莢は完熟前に手で割ったもの。平たくて硬いタネをおはじきにして遊ぶと楽しい。

花は4〜5月。長い花房が垂れ下がる

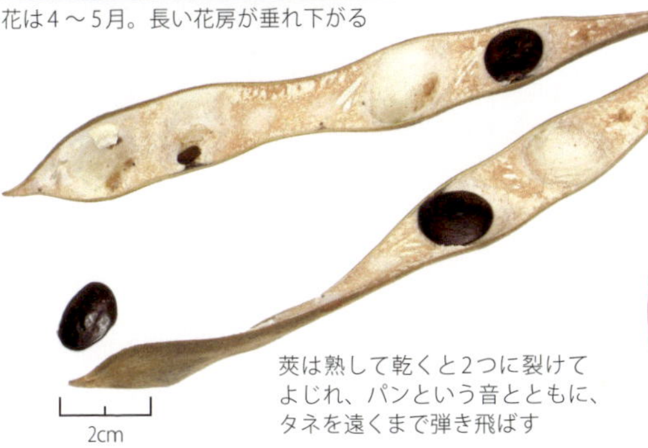

房に咲く数十の花のうち結実するのは1〜3個。莢の表面には柔らかな毛が密生してビロードの手触り

タネ（種子）は径1.5cm内外の円盤形

莢は熟して乾くと2つに裂けてよじれ、パンという音とともに、タネを遠くまで弾き飛ばす

カラスの漆黒、よじれる莢 ～草むらにはぜる野の豆～

カラスノエンドウ

自動 種子 5~7月

- *Vicia sativa* ● マメ科 ● 野原や土手の越年草

莢(さや)が黒く熟すのでカラスという名がついた。莢は乾いてくると形を保つのに無理が生じ、突然、2つに裂けてねじれながらタネを飛ばす。初夏の晴れた日には、草むらから莢が弾けるパチパチという音が聞こえる。ドライアーを使ってタネを飛ばす実験もできる。ねじれるのは果皮(かひ)の繊維が乾くと斜め方向に収縮するためで、雨の日にはねじれた抜け殻の莢もまっすぐに戻る。

3～4月、ピンクのかわいい花が咲く。柔らかな芽先や莢は食べられる

×1

種子。莢に10個ほど入っている

若い莢はサヤエンドウにそっくり

5mm

莢は黒く熟し、よじれて裂けてタネを飛ばす。あとにはV字になった莢が残る

小さな雑草のハイテク発射装置 ～裏返ってタネを飛ばすゴムボール～

カタバミ

自動付着　種子　5~11月

● *Oxalis corniculata*　●**カタバミ科**　●道端や庭の隅の多年草

小さな雑草もハイテク装備。ロケット形の実を軽くつまむと、ピピピッ、タネが勢いよく飛び出してくる。タネが飛ぶしかけは実ではなく、タネそのものにある。タネを包んでいたゴムボール様の白い袋が裂けて一気に裏返り、その反動でタネが実の裂け目から外に飛び出すのだ。袋には粘液も充填され、タネを人や動物にくっつけてさらに遠くへ運ばせる。

1mm

左上：袋に入ったタネ
右上：裂けて裏返る皮
左：種子の本体

熟した実に触れると裂け目からタネが飛ぶ

芝生に咲いたカタバミ（写真はほぼ原寸大）。春から秋遅くまで花が咲いて実ができる

ピッチングマシーン!? 〜見た目は小さな祭り御輿〜

ゲンノショウコ

自動 | 種子 | 10〜11月

- *Geranium thunbergii* ● **フウロソウ科** ● 明るい野山の多年草

昔から知られた薬草で、煎じて飲めば下痢に「現の証拠に」効き目があるのが名の由来。花は径約1.5cm

別名ミコシグサ。実の皮がめくれた姿が祭りの神輿を思わせる。しくみは、あたかもピッチングマシーン。球は、ロケット形の実の基部に5個装填されている。熟して乾いた実の皮が一片ずつ、くるんとめくれ上がる瞬間、握られていた球がアンダースローで放たれる。夏から秋に咲く花には紅と白の2型があり、西日本は紅、東日本は白の頻度が高い。

果皮が一片ずつめくれ上がる瞬間にタネを勢いよく投げ飛ばす

×1

1個の実にタネは5個。表面は滑らか
5mm

同属の**アメリカフウロ**の花と実。北アメリカ原産の一年草で、道端や空き地に生える。花は3〜6月、淡紅色で径1cm弱。葉は細かく裂け、実はひと回り小さい

アメリカフウロのタネはゲンノショウコよりひと回り小さく、表面に網目模様がある
5mm

夏の庭の爆弾娘 〜ぷっくり膨れて弾ける実〜

ホウセンカ

自動 | 種子 | 8〜10月

●*Impatiens balsamina*　●**ツリフネソウ**科　●鉢や花壇の一年草

子どもに遊ばせてあげたい庭の花。今にもはちきれそうな実を、そっとつつくと、とたんにパパン！実は一瞬で分解して皮が丸まり、タネは文字通りの巻き添えを食って弾け散る。果皮(かひ)に内外の層があり、タネが熟した後も外側の層の細胞が水を吸って膨張し続けるため、形を保つのに無理が生じる。震動をきっかけに実は破裂し、タネは2〜3mも弾け飛ぶ。

熱帯アジア原産で、花は夏から秋に咲く。花の後方に、緩く弧を描く距（蜜を貯める突起）が伸びる

×1

果皮は5つに裂けて内側に巻き込み、十数個のタネを弾き飛ばす

アフリカホウセンカ
一般にインパチエンスとも呼ぶ園芸植物。同様のしくみでタネを飛ばす

1cm

自動散布

川の上流に生き続ける知恵 〜重力に逆らってタネを飛ばす〜

ツリフネソウ

自動 種子 8〜10月

● *Impatiens textorii* ● **ツリフネソウ科** ●野山の水辺の一年草

渓流沿いの植物は、年ごとに下流に流されてしまわないのだろうか。ツリフネソウは渓流で生きる一年草でありながら、ちゃんと上流に踏みとどまっている。タネを重力に逆らって弾き飛ばすことによって。タネを飛ばすしくみはホウセンカと同じだが、タネの数は2〜3個と少なく、果皮(かひ)も強く丸まる。1個のタネに押し出す圧力が、より強くかかっているはずだ。

花は夏から秋に咲く。花の後方に伸びて渦を巻く距が特徴

タネが熟してもなお果皮の外層が伸び続けるため、内側に巻き込む力が加わり、実は瞬間的に破裂してタネが弾ける

キツリフネ
川縁や湿地の一年草。花は夏から秋に咲き、黄色く、距は巻かない。花びらの退化した閉鎖花もつける。実(円内)は長さ12mm

キツリフネの実とタネ
ツリフネソウと同じしくみでタネを飛ばす。タネの表面には細かい凹凸がある

ツリフネソウ
5mm

キツリフネ
5mm

ぼくたち仲良しミミズク3兄弟 〜タネが弾けて飛んだ後は!?〜

ツゲ

自動　種子　8〜9月

● *Buxus microphylla*　●**ツゲ科**　●庭園や山の常緑低木

大きな樹木は、風や動物の力を利用してタネを広範囲にばらまくが、背の低い樹木の場合は、少しでも遠くへというわけでタネを自力で飛ばすものも少なくない。雌しべの花柱が角のように突き出たツゲの実も、熟して3つに裂けた後、内側の果皮(かひ)が乾いて巻き込む力を利用してタネをぱちんと弾き飛ばす。裂けて6個のタネを飛ばした実に、かわいい顔、発見！

裂開寸前の実(8月)。3本の角は雌しべの花柱のなごり。実の基部には雄花の痕跡が残る

花は3〜4月。1個の雌花を通常4個の雄花が囲む。花は花弁を欠き、雄花は雄しべ、雌花は雌しべを伸ばす。雄花だけからなる雄花序もある

1cm

タネは硬く光沢がある

3つに裂けてタネを飛ばした後の実は、3羽のミミズクのよう。円内はほぼ原寸大の実

自動散布

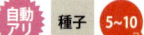

2段ロケットのタネ旅行 〜弾け飛んだタネをアリが運ぶ〜

スミレ

自動/アリ　種子　5〜10月

- *Viola mandshurica*　●**スミレ科**　●野山や人里の多年草

スミレは2段ロケットでタネを旅に送り出す。1段目は乾湿式自動発射機。熟してボート状に3つに裂けた果皮が乾くにつれて船幅が狭まり、定員オーバーのタネがひと粒ずつパチンと弾き出される。飛距離約3m。2段目はアリのエスコート。タネの端につけた白いゼリー（エライオソーム）がアリを誘うごちそうだ。アリは巣まで数mを運び、タネはそこらにポイしてくれる。

裂開した実とエライオソームをつけた種子

4月、美しい紫の花が咲く。この後、秋まで地際に閉鎖花をつくる

5mm

種子を運ぶトビイロシワアリ

実は下を向いたまま大きくなり、裂開直前に果軸が伸びて天を仰ぐ

乾湿自在の回転ドリル ～折れ曲がったノギの秘密～

カラスムギ

● *Avena fatua* ●**イネ科** ●道端や畑の越年草

自動　頴果　5～6月

×1

タネの手品。実を1つ取り、鎌状に曲がったノギを水で濡らしてみよう。ノギはぐるぐる回り出す。曲がりが真っ直ぐになると回転終了。放置してノギが乾いてくると逆向きに回転。では土にタネを軽く突き立て、ノギの先を支柱に固定して水をやると？　ノギがよじれてタネ自体が回り出す。硬い逆毛がドリルとなり、湿るときも乾くときもタネは土の中に潜り込む。

花期（5月）。2枚の苞頴の中に2～3個の花がある

苞頴が白く乾くころ、タネも熟して順次散る。散った後の苞頴はドライフラワーになる

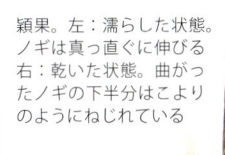

頴果。左：濡らした状態。ノギは真っ直ぐに伸びる　右：乾いた状態。曲がったノギの下半分はこよりのようにねじれている

1cm

マカラスムギ（オート麦）はカラスムギの栽培種で、ノギが少なくタネは熟後も穂に残る

小穂。大きな苞頴に守られてタネが熟す

のし付けて差し上げます 〜紅白の水引はひっつきむし〜

ミズヒキ

付着 / 痩果 / 9〜1月

- *Persicaria filiformis*
- **タデ科**
- 野山や庭の多年草

細い穂に咲く花や若い実は、上から見ると紅に、下からだと白く見える。それで祝い事の紅白の水引（みずひき）と見た。花が終わっても花びら（タデ科では萼（がく）に由来する花被（か・ひ））は実を包んで色を残す。雌しべの花柱は2裂し、花後には硬いカギ針となって動物や人に引っつく。あまり付着力は強くないが、ほどよく落ちるのも作戦だ。

野草だが趣を愛でて茶花とされる。葉に「人」の形をした斑紋が入る株もある

花穂を上から見下ろすと ×1

花期8〜10月。花の上半分は紅色で、下半分が白い

2mm

完全に熟すと、実は基部から外れてくっつく

下から見上げると

クリップタイプのひっつきむし〜陰ひなたの性格差で種類が違う〜

イノコヅチ（ヒカゲイノコヅチ）

付着 / 胞果 / 9〜2月

● *Achyranthes bidentata* var. *japonica* ●**ヒユ**科 ●野山や公園の多年草

花の側面に沿う2本の細長い苞（ほう）が、果期には硬いクリップとなり、動物の毛や服の繊維にからまる。変種レベルでイノコヅチ（右）とヒナタイノコヅチ（下）に分けられ、生育環境や性質も異なる。イノコヅチは林内や林縁に生え、葉は薄くて苞基部の薄膜状の付属体が大きめ。ヒナタイノコヅチは道ばたや空き地の雑草で、葉は厚く葉脈部分の凹凸が大きい。

花序の軸は白くて長い毛に覆われる

花期のイノコヅチ。右上：花の拡大。実になると軸にそって下を向く。左下：まばらな果穂。膜状の付属体は大きめ

付属体

5mm

ヒナタイノコヅチ　イノコヅチ

ヒナタイノコヅチの花序や果序は密で、付属体は小さく目立たない

71

カギ針のスカート 〜バラ科のひっつきむし2種〜

キンミズヒキ

● *Agrimonia pilosa* ● バラ科 林縁や野原の多年草

付着 / 痩果 / 9〜12月 / ×1

黄色い花の咲く細長い花序(かじょ)を水引(みずひき)にたとえた名。タネ（痩果(そうか)）のカギ針は萼筒(がくとう)の縁に並ぶ副萼片(ふくがくへん)が変化したもので、中に種子が1個入っている。タネは熟すと下を向き、カギ針に縁取られたスカートを広げる。同じバラ科のダイコンソウも晩秋にはカギ針のスカートをつける。こちらは多数の実からなる集合果で、毛を生やした精巧なカギ針のタネが上から順に運ばれていく。

花は7〜10月、高さ50cmほどの茎の先に細長い穂を出し、下から順に咲いて実になる

実は熟してくると下を向き、動物や人を待ち受ける

ダイコンソウ
根生葉が大根に似るのが名の由来

ダイコンソウのタネ。トゲは極めて精巧

ダイコンソウの集合果。実の柄の部分が外れてくっつく

キンミズヒキのタネ

5mm
5mm

盗人が残した足跡 〜天然の面ファスナー〜

ヌスビトハギ

付着 | 節果 | 10〜1月

- *Desmodium podocarpum* ● マメ科 ● 野原や雑木林の多年草

花は淡いピンクで径約5mm。
若い実には赤い模様がある。
写真はほぼ原寸大

実の表面にはカギになった細かい毛が密生する

サングラスかブラジャーを思わせるおもしろい形の実をつける。熟すと節ごとに分かれてバラバラにくっつく。しくみはいわば面ファスナー。実の表面に並ぶ微細なフックで毛や繊維をひっかける。2節からなる実の形を、昔の人は盗人の足跡にたとえた。だって、足袋を履いて抜き足差し足で爪先歩きをしたら、足指の跡が、ね、こうつくでしょ。

アレチヌスビトハギは、北アメリカ原産の帰化植物。花は濃いピンクで径約1cm、実は3〜6節からなる。**フジカンゾウ**も同属で、実は2節からなり大きい

ヌスビトハギ	アレチヌスビトハギ	フジカンゾウ
5mm	5mm	1cm

服にまとわりつく露の玉 〜白く光るフックの毛玉〜

ミズタマソウ

付着　堅果　11〜1月

● *Circaea mollis*　●**アカバナ**科　●山の木陰の多年草

晩秋の枯れ姿
(ほぼ原寸大)

薄暗い湿った山道でよく出会う。実の表面に白い毛が密生し、露を帯びた水玉を思わせるのが名の由来。径4mmの小さな水玉だが、虫眼鏡でみると、毛先がフックになっている。実は2室に分かれ、1個ずつ計2個の種子が中にある。冬に地上部が枯れた後も、実は茶色く乾いた状態で枝にとどまり、動物や人が通りかかると柄ごともげてくっつく。

花は8〜9月。小さいが、上下に開く2枚の白い花びらと突き出た雌しべが印象的。葉柄は短い

2mm

実にはカギ状の毛が密生する

同属の**タニタデ**は、湿った山道や沢沿いに生える多年草。葉柄は長い。花は7〜8月に咲き、淡いピンクを帯びる

タニタデの実は細長いしずく形で径約2.5mm。中には2個の種子

晩春のヒッチハイカー 〜2個ずつ実るひっつきむし〜

ヤエムグラ

付着 | 分果 | 5〜6月

● *Galium spurium*　●**アカネ**科　●道端や野原の越年草

実は2分果からなる

花は径約2mm で目立たない

葉は6〜8枚が車軸のように輪生する

セリ科のオヤブジラミとともに春に実る数少ないひっつきむしの1つ。秋に発芽して競争者の少ない季節に成長し、晩春に実を残して枯れる。1個の花から育つ実は、げんこつを突き合わせたような形で、表面にフック状の毛が密生し、人の衣服や動物の毛にからまると2個に分かれて運ばれる。

3mm

オヤブジラミ
林縁や草地に生えるセリ科の一年草。細長い実の表面にはカギ状の毛が密生する

オヤブジラミの実は長さ6〜7mm。2分果からなり、熟すとばらばらに運ばれる

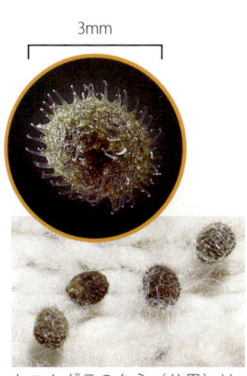

ヤエムグラのタネ（分果）はまんじゅう形。軍手をはめて草むしりをしたらこの有様

ねばねばメナモミ、ばらけてベタッ 〜総苞片が変化した粘着装置〜

メナモミ

- *Sigesbeckia pubescens* ● **キク科** ●野山の道端の一年草

付着　瘦果＋総苞片　10〜11月　×1

ヒトデを思わせる奇妙な花。キク科の花は、頭花といって多数の花（小花）の集まりだ。中心に黄色い小花が見えるので、まだ花期と思ったら、すでに奥ではタネが熟していた。外側に突き出た5本の腕のような緑色のものは総苞片で、ネバネバするマッチ棒状の腺毛が突き出ている。これが人や動物にくっつくと、2、3個のタネも一緒にもぎ取られて運ばれる。

花は9月に咲き出す。頭花は、外周の数個の舌状花と内側の十数個の筒状花からなる。茶色いタネも見える

総苞片や鱗片には粘液を帯びた腺毛がいっぱい

花に触れると、ネバネバした総苞片や鱗片がタネを抱えたままくっついてくる

同属の**コメナモミ**も似た実をつける。メナモミより全体に小柄で、茎の毛は立ち上がらず伏して生える

タネ（瘦果）は角張る

1cm　5mm

粘るタワシの製造過程 〜枯れても粘って立ち往生〜

ヤブタバコ

付着　痩果　11〜3月

● *Carpesium abrotanoides*　●**キク**科　●雑木林の二年草

冬の林にタワシ発見。なんだ、これは、とよく見たらヤブタバコだった。林の木陰に生え、秋には水平に低く広げた枝に下向きの地味な花が咲く。花後に花びらや総苞片（そうほうへん）がはがれ落ちてタワシができる。1個のタネは長さ約2.5mm、首の長いとっくりのような形で、首の部分に粘液の粒が光り、触れるとべたつく。タネには独特の臭気があり、昔はサナダムシの駆虫に用いたという。

植物体が完全に枯れた後も、タワシそっくりの果序は粘液を光らせ、誰か通るのを待ち受ける

タネはくさい粘液を分泌し、触れるとべたべたまとわりつく

2mm

5mm

11月、枯れた花びらや総苞片が剥落すると、タネの束が少し開き、亀の子タワシが完成する

花は8〜10月。頭花は径約1cm

高さ50cmほどで横枝を広げる。大きな葉がタバコの葉に似る

ネバネバの金棒 〜実から出た腺体〜

ノブキ

付着 / 痩果 / 9〜11月

● *Adenocaulon himalaicum* ●**キク科** ●野山の木陰の多年草

アップで見ると迫力のある実（痩果）だ。にょきにょきと突き出たものは粘液を出す腺体。熟すとどす黒くなる棍棒状の実の先のほうについていて、まるで鬼の金棒なのだ。実は枝先に放射状に集まってつくが、その中心には雄花が抜け落ちた跡が残っている。花は白い頭花で、中心に雄花、それを取りまくように周囲に雌花が咲き、果期には雌花だけが残る。

フキに似た丸い葉を広げ、若いうちは食べられるが香りはない。茎は高さ50cmほどになる

5mm

棍棒状の実には種子が1個入っており、つけ根からもげて運ばれる

実の先端の腺体。粘液を分泌する

花は8〜10月。頭花の中心部は雄花で、周囲を雌花が囲む。腺体の生えた子房があるのが雌花

動物散布

用心深いひっつきむしの王様 〜タネを2個包んだ果苞〜

オオオナモミ

付着水　果苞　10〜2月

● *Xanthium occidentale*　●**キク**科　●野原や水辺の一年草

北アメリカ原産の帰化植物。トゲトゲの実は、総苞(そうほう)が一体化して実を包み込んだもの(果苞(かほう))。果苞の中には大小のタネ(痩果(そうか))が2つ。総苞片(そうほうへん)は痛いトゲとなって油脂に富む実を動物の食欲から防衛し、また先端を精巧なカギ針にして動物や人にくっつく。2個のタネのうち小さいタネは、時には1年以上も遅れて芽を出し、一番手が失敗したときの保証の役割を果たす。

オオオナモミ
果苞の表面には光沢がある
×1

オオオナモミの果苞の断面。大小2個のタネがある

1920年代に侵入して全国に広がった。水に浮いても運ばれ、河川敷や水路沿いに多い

短日植物で9月以降に咲く。毛糸玉のようなものが雄花序。雌花は若い果苞のてっぺんから白い雌しべをのぞかせている

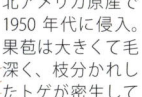

イガオナモミ
北アメリカ原産で1950年代に侵入。果苞は大きくて毛深く、枝分かれしたトゲが密生して赤褐色に熟す
×1

オナモミ
有史以前の帰化植物で、現在はまれ。果苞は小柄で表面に白い毛が密生する

動物散布

人や動物を捕らえる鋭いトゲ 〜センダングサの仲間〜

コセンダングサ

付着 / 痩果 / 9〜1月

● *Bidens pilosa var. pilosa* ● **キク**科 ● 野原や道端の一年草

熱帯アメリカ原産の帰化雑草。1個の頭花（とうか）からイガイガのタネ（痩果（そうか））の集合ができる。タネは魚を捕るヤスに似て2〜4本のトゲがある。トゲに返しがあるため、刺さるとなかなか抜けず、服や靴下にくっつくとチクチク痛い。同じキク科のタンポポでは冠毛に変化した萼（がく）の部分が、トゲになった。コセンダングサの頭花は黄色い筒状花（とうじょうか）からなるが、白い舌状花（ぜつじょうか）をもつ変種もある。

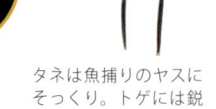

タネは魚捕りのヤスにそっくり。トゲには鋭い返しがある（円内）

野原のコセンダングサ。鋭いトゲに飛ぶ蛾までもが引っ掛かる

主な花期は秋だが、暖地ではほぼ一年中花が咲く。頭花は50個ほどの筒状花からなる

アワユキセンダングサは大きな舌状花をもつ変種で、南西諸島に帰化し、越冬蝶の吸蜜植物となっている

数枚の小さな舌状花がある変種**シロノセンダングサ**も日本各地に帰化している

アメリカセンダングサのタネには2本のトゲがあり、鋭い返しがついている

アメリカセンダングサ
北アメリカ原産の一年草で、黄色い頭花を囲む緑色の総苞が、まるで花びらのように見える。空き地や湿った野原に生える。花期は秋。

アメリカセンダングサのタネの集合

野道の試験管ブラシ 〜逆さトゲで服の繊維に潜り込む〜

×1

チカラシバ

付着 小穂 9〜1月

● *Pennisetum alopecuroides* ●**イネ**科 ●野原や道端の多年草

まさに試験管ブラシ。長短計20本ほどの剛毛を広げた実が穂にぎっしり。秋の野道を行くと、こいつがいつのまにか服や靴下の繊維の奥深くに潜りこんでチクチクする。小穂の軸、それに剛毛にも、細かな逆さトゲが多数あり、繊維の奥まで入ってくるのだ。むしった穂をビニール袋に入れてゆすると、ちょっと楽しい。隅っこに猛然と集まってぎゅうぎゅう詰めになる。

若い穂は紫色を帯びてきれいだが、いつのまにか靴下や服の中まで入り込む厄介者

服の繊維に潜りこんだ小穂。タネ（穎果）が1個入っている

2mm

小穂の柄の部分には細かい逆さトゲが多数ある。剛毛にも微細なトゲがあり、後戻りすることなく服の奥へと潜り込む

砕けてくっつく"ブロークンハート" 〜人に寄り添って生きる知恵〜

ナズナ

- Capsella bursa-pastoris
- **アブラナ**科
- 空き地や道端の越年草〜一年草

付着 足裏型　種子　4〜7／9〜11月

平たいハートがナズナの実。これを三味線のバチと見て、その音色から別名ペンペングサ。熟した実は触れるとたやすく分解し、枝に透明な隔壁部分を残して、果皮(かひ)とタネがばらばらに散る。表層に粘液物質があるとみえて、タネは濡れるとものにくっつく。雨や土の水分によってタネは人の服や靴の裏に粘りつき、人の行く先々に運ばれるのだろう。

×1

果期のナズナ。実の柄をひとすじ残して引き下ろし、垂らして耳元でそっと揺らすと、しゃらしゃらやさしい音が鳴る。英名や学名は「羊飼いの財布」の意で、こぼれるタネは小さなコインというわけ

5mm

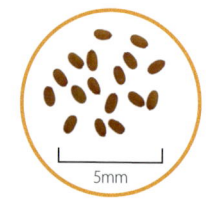

タネ（種子）は長径約0.8mmの平たい小判型。1個の実に20個ほど入っている。濡れると粘る性質がある

春の七草の一つ。食べ頃は地面に葉を平たく広げる冬のロゼットの時期。春には花茎を立てて白く可憐な花をつける

低コストのユニット建築 〜効率よくタネを量産する戦略〜

オオイヌノフグリ

付着足裏型　種子　5〜6月

● *Veronica persica*　●**オオバコ科**（旧ゴマノハグサ科）　●道端や草地の越年草

ユーラシア原産の越年草。青い花は早春に咲き出すと、枝を横に伸ばして「葉＋花」というユニット構造を積み重ねることにより、可能な限り多くのタネ（種子）を生産する。帽子のように大きな萼も光合成を行い、実の中の未熟な種子に養分をせっせと送り込む。実は熟すと口を開き、種子をこぼす。種子はお椀状でしわが多くて土になじみやすく、土とともに人の靴底にくっついてあちこち運ばれる。

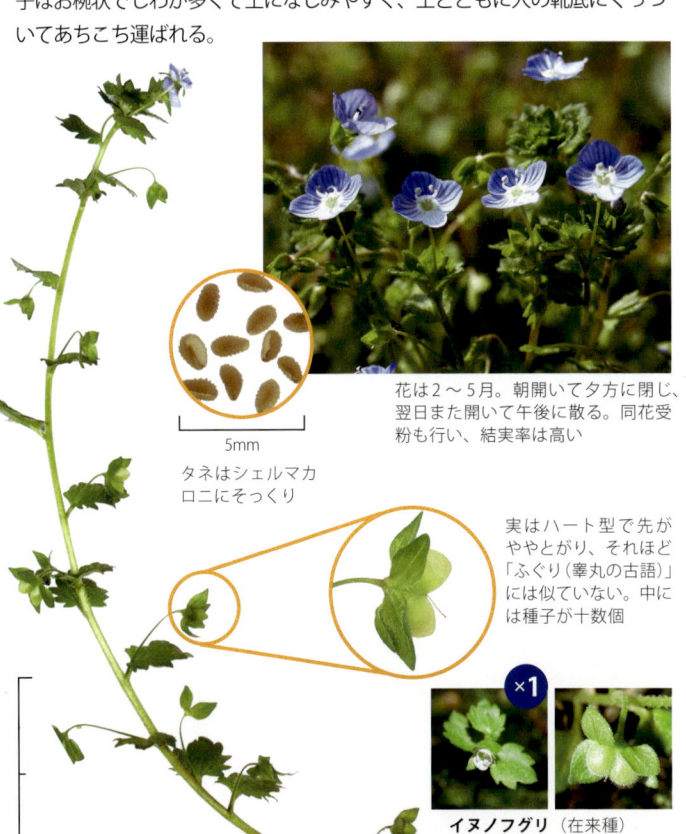

5mm
タネはシェルマカロニにそっくり

花は2〜5月。朝開いて夕方に閉じ、翌日また開いて午後に散る。同花受粉も行い、結実率は高い

実はハート型で先がややとがり、それほど「ふぐり（睾丸の古語）」には似ていない。中には種子が十数個

×1

イヌノフグリ（在来種）
以前は普通種だったが、オオイヌノフグリに負けて激減した。実は、球を2つ並べたまさに「犬のふぐり（睾丸）」の形

4cm
茎は細く、ほふくしてコストを最小限に抑え、効率よく種子を増産する

踏まれ踏まれてタネをまく 〜濡れるとゼリーになる種子〜

オオバコ

付着 足裏型　種子　6〜11月

- *Plantago asiatica*　●**オオバコ科**　●踏み跡やグラウンドの多年草

動物散布

踏まれて生きるのがオオバコの運命。四方に張った根も筋張った葉もしなやかで折れにくい花茎も、すべて踏まれ強さを旨とする。その徹底ぶりは実やタネにも及ぶ。カプセル状の実（蒴果）は踏まれると上半分が蓋のように開き、中からタネがこぼれる。タネは多糖類のコートをまとい、濡れるとゼリー状に膨潤して靴やタイヤに貼りつき、あちこち運ばれる。

花は花茎の下から咲き、はじめ雌しべ、後に雄しべを出す。花茎全体では下から実、雄しべ、雌しべと並ぶ

5mm

実の蓋が開くと、中から6〜8個の種子がこぼれる

濡れてゼリー質にくるまれた種子。この性質を利用したダイエット食品もある

サルも好む甘いフルーツ 〜毛が多肉化した果肉〜

ヤマモモ

被食型
核
6〜7月

- *Myrica rubra* ●**ヤマモモ科** ●野山や公園の常緑高木

公園で見つけたおいしい果実。
ジャムも美味

暖地に自生して、街路樹や公園樹とされ、甘く美味な果実として栽培もされる。じつはヤマモモは両刀遣いで、鳥ではヒヨドリ、けものではニホンザルなどが食べる。サルは1回の訪問でヒヨドリの20倍以上を食べ、サルがいないと散布量は激減するという。確かに公園のヤマモモの実はずっと残っていて、大半が落ちて腐ってしまう（もったいない！）。大粒の栽培品種はとりわけ鳥には食べにくいだろう。

×1

雌雄異株で、実は雌株だけに実る。左は雄花序、右が雌花序。風媒花で、ともに花びらはない。写真の雄花は花粉を風に飛ばした直後の状態

実の断面（実の大きな栽培品種）

甘い果汁に富む果肉は、タネ（核）から放射状に伸びた毛が多肉化したもの（外果皮に相当）。それゆえ実離れは悪い

85

動物散布

甘いジャムの実 〜鳥と哺乳類の両方が食べる〜

エノキ・ムクノキ

被食 鳥 哺乳類 / 核 / 9〜11月

● *Celtis sinensis* ・ *Aphananthe aspera*　●アサ科（旧ニレ科）　●野山や公園の落葉高木

ともにアサ科の落葉樹で、秋にジャムのようにねっとり甘い実が実り、その後、ドライフルーツとなって落ちてくる。中には硬いタネ（核）が1個。ヒヨドリやムクドリなどが実を食べてタネをばらまく。ひと昔前は人も食べた。熟れた直後より樹上で少し乾いたものがえぐみも消えて甘いようだ。地面に落ちた後は、レーズンの香りでタヌキやサルを呼ぶ。

樹上の実。花は風媒花で雌花と雄花があり（円内）、4月の開葉と同時に咲く

×1　エノキ

実は緑からオレンジを経て赤黒く熟す。エノキは熟度により実の色を変えることで、鳥に熟果を的確に選ばせる

5mm

×1　ムクノキ

実は黒く熟して粉を吹き、ブルーベリーに似る。大粒で落下しやすくレーズン臭も強いのは、哺乳類を狙う戦略とみる。タネには白い部分があるが、硬く木質化しており、アリは興味を示さなかった

葉がざらつき、やすりの用途で木工細工に用いた。円内は5月上旬の花。風媒花で、枝基部に多数の黄緑色の雄花、枝先に雌しべだけからなる少数の雌花がつく

郷愁を誘う初夏の味覚 〜色を変えて甘く熟す集合果〜

ヤマグワ

被食 鳥・哺乳類 | 痩果 | 6〜7月

- *Morus australis* ●**クワ**科 ●野山の落葉小高木

黒く熟した実は甘くておいしいが、食べると唇が紫色に染まる。ジャムや果実酒も作れる

雄株と雌株と両性株がある。写真上は雄花序で、花粉を風に飛ばす。下は雌花序で、袋状の花被が多肉化する

栽培種のクワと同様、甘く熟して人間も食べる。味は同じだが、ヤマグワの実はクワより小さく、雌しべの花柱が残って突き出る。十数個の実がキイチゴ状に集まった集合果で、白から赤を経て最後は黒く熟す。時間をおいて少しずつ熟すので枝に赤や黒が混じり、二色効果で鳥を誘うと同時に熟果を明示する。熟果はすぐに落下し、タヌキなどが食べる。

クワの集合果

クワの雌花序。柱頭は丸まっている

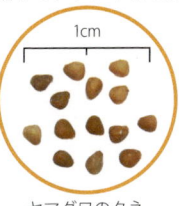

ヤマグワの集合果

×1

1cm

ヤマグワのタネ
（集合果1個分）

動物散布

木イチゴに似た朱赤の実 〜クワ科の甘い集合果〜

ヒメコウゾ

被食鳥 痩果 6〜7月

- *Broussonetia kazinoki*　●**クワ**科　●野山の落葉低木

朱赤の実はイルミネーションのように光ってきれい

ヒヨドリのふん。朱色はヒメコウゾの、白色はイヌザクラのタネ

赤い果皮をむいた種子はハンバーガーバンズにそっくり

2mm

初夏に透けるような朱赤に熟す。40個ほどの実が球状に集まった集合果で、径約1cm。雌しべの花柱が残って突き出る。雌花の花被は袋状で、花後はジューシーに膨らみキイチゴ状になる。食べると甘いが、舌や喉がイガイガする。ヒヨドリなどが食べ、弾力性のある赤い果皮ごとタネ(痩果)を糞に出す。和紙原料のコウゾは、ヒメコウゾとカジノキの交配種。

花期は4〜5月。枝の基部に雄花序、枝先に雌花序がつく。赤い糸状のものは雌しべの花柱

カジノキ
ヒメコウゾと同属の落葉高木で、雌株には9〜10月に径約3cmの集合果が赤く実って食べられる

密室の送粉者との共生関係 〜虫のゆりかごとおいしい実〜

イヌビワ

被食&哺乳期 | 種子 | 8〜10月

- *Ficus erecta* ●**クワ**科 ●野山の落葉小高木

イチジクの仲間で雌雄異株。花粉を運ぶのは共生関係にあるイヌビワコバチで、雄株の花（花嚢）はコバチのいわば揺りかごである。右写真は果期の雌株。実は集合果で、球状の皮の内側に多数の実が並んだ形（果嚢）。果嚢は秋に黒く熟して甘く、人も鳥もサルも喜んで食べる。一方、雄株の花嚢は赤く膨らむが、中はカスカスで虫もいるので食べないで！

果期の雌株。実（果嚢）は秋に黒く熟す

熟した果嚢とその断面。イチジクに似て美味

果嚢1個分の種子

イヌビワの雄株
雄花嚢が赤く色づいて口を開くと、中で交尾を済ませた雌のイヌビワコバチが飛び出てくる。中身はふがふがの虫だらけで食べられない

雄花嚢で育ったイヌビワコバチが、雌花嚢に入り込むことによって花粉が運ばれる。
上：若い花嚢に潜り込むイヌビワコバチ。下：雄花嚢（断面）から羽化したイヌビワコバチ

樹上の寄生植物の粘着作戦 〜粘るウンチで枝にくっつく〜

ヤドリギ

● *Viscum album* var. *coloratum*　　●**ヤドリギ科**　　●樹上に寄生する常緑低木

被食：鳥　種子　11〜3月

ケヤキやエノキなどの落葉樹につく半寄生植物。雌雄異株で、雌株には径約8mmの黄色い実が熟す。実の赤い株もあり、アカミヤドリギと呼ぶ。果肉は粘液質に富んでほのかに甘く、1〜2個の緑色の胚が透けるタネ（種子）を包み込む。種子散布の主役は美しい冬鳥のレンジャク類。食べては粘る糞を垂らす。枝に付着したタネは、寄生根を伸ばし新しい株に育つ。

半透明の美しい実。先端の丸い黒点は雌しべ、4本の線は花びらの跡

糞を垂らすヒレンジャク（左）と小枝にへばりついた糞（右）

ヤドリギの実を食べるヒレンジャク。食後は水を飲み糞をしてまた食べる

エノキに寄生したヤドリギ。直径1mほどに育つ。円内上は粘る果肉と種子、中は雄花で直径約7mm、下は雌花で直径2mm

5mm

葉っぱの器にカラフルな実 ～鳥が食べてアリも運ぶ～

イシミカワ

被食鳥アリ / 痩果 / 9〜11月

- *Persicaria perfoliata*　● **タデ**科　●野原のつる性一年草

葉っぱの器にお供えを盛ったよう。果肉（かにく）に見えるのは5枚の花びら（花被・萼）。小さく地味な花だが、果期に美しく変貌する。タネ（痩果）を包んで肥大し、鮮やかな青とほのかな甘みで、鳥の食欲を誘い、タネを運ばせるのだ。黒いタネには白い突起があり、地面に置くとアリが集まる。鳥の糞に出た後、さらにアリが運ぶのだ。

花は7〜10月。径3mmと小さく緑白色で目立たない

タネを運ぶトビイロシワアリ。白い部分は硬めの固形質だが、アリは強く誘引される

花被を開いたところ。タネの先端の小さな突起は花柱の跡。果柄の部分がエライオソームに育つ。花被の内側に雄しべの残骸が見える

野原の雑草。茎や葉柄に痛いトゲがあり、これを引っかけて草むらをよじ登る

5枚の分厚い花被が折り畳まれて果肉のようになる。右は白い付属物をつけたタネで、黒く光沢があり硬い

丸い托葉の上に果序が載る

ツルソバは暖地に生える同属のつる性多年草。白い花びらが果時にはゼリー質の果肉状となり、三角の稜のあるタネ（痩果）を包んで黒く熟す

動物散布

赤い果軸と黒い実のコントラスト 〜二色効果で鳥の目を引く〜

ヨウシュヤマゴボウ

被食鳥 / 種子 / 8〜11月

- *Phytolacca americana* ● ヤマゴボウ科 ● 空き地や道端の多年草

北アメリカ原産の帰化植物。空き地ができると真っ先に生え、高さ2mに育つ。そのタネはどこからきたのか。直前に鳥が運んできたものもあるだろうが、おそらく大半は土の中で何十年も眠っていたのが、環境の変化を察知して芽を出したに違いない。実は径9mmで黒紫色に熟し、赤い果軸とのコントラストで鳥の目を引く。つぶすと赤紫の汁が出て染料とされ、子どもの遊びにも使われる。

別名アメリカヤマゴボウ。太いゴボウ状の根は有毒で食べられないが、薬用成分を含む

花は径6mm。花に花弁はなく、花びら状の部分は萼で、淡い紅を帯びる。子房は10室に分かれ、中に1つずつ種子が育つ

×1
実は10個の心皮が一体化したもので、先端の突起はその痕跡。種子は10個

3mm
種子は平たいレンズ形で、黒く硬く光沢がある。有毒だが、噛まずに飲み込めばそのまま出る

若い実の拡大。まだ部屋の仕切りがある

×1
ごく若い実の断面。萼は果期まで残る

実をつぶすと赤紫色の汁が出る。英名はインクベリー。果汁の毒性は低いが、生で多量に食べてはいけない

ごつごつした集合果 〜裂けて赤い種子が垂れる〜

コブシ

被食鳥 | 種子 | 9〜10月

- *Magnolia kobus* ●モクレン科 ●野山や公園の落葉高木

花の中心に多数ある雌しべのうち、受精したものだけが膨らんだ結果、いびつな形の集合果になる。秋に裂けて赤い種子が現れ、白い糸を引いて垂れ下がる。種子の外層（仮種皮(かしゅひ)）は甘みもなく抹香(まっこう)くさいが、油脂を豊富に含む高カロリー食で、都会のカラスは裂ける前からほじくって食べてしまう。仮種皮の奥には、ハート形の黒くて平たい種子本体がある。

1cm

白い油脂層をはぐとハート形をした種子が現れる。非常に硬く、種子寿命は長い

白い清楚な花から、いびつでごつごつした実（集合果）ができる。これを握り拳と見たのが名の語源という

コブシの若い実。雌しべの受粉した部分だけが太る

コブシの花。3〜4月、葉が出るより先に、2枚の小さな葉を従えて咲く

×1

コブシの集合果。実が熟すと、赤い種子が裂け目から現れ、糸を引いてぶら下がる。写真は乾いた状態

タムシバ
同属で山に生える。花や実はコブシによく似ている

動物散布

枝に垂れる赤い「鹿の子」～鳥を呼ぶ球状の集合果～

サネカズラ

被食 鳥　種子　10～1月

● *Kadsura japonica*　●**マツブサ科**　●野山のつる性常緑樹

雌株・雄株・両性株があり、雌株と両性株には和菓子の「鹿子（かのこ）」を思わせる球状の集合果が垂れる。花の時期、雌花では多数の雌しべが球状につく。それがそのまま実に育ったのだ。赤い玉が実（液果（えきか））で、中には勾玉（まがたま）の形をした種子が最大5個入っている。果肉はショウガに似たスパイシーな香りで、少し粘るが味はない。鳥は実を少しずつついばみ、最後に球状の果床（かしょう）が残る。

集合果は径3〜4cm。およそ30〜40個の実からなる

×1

花期は8〜9月。左は雄花、右は雌花。ともに径約1.5cmで、うつむいて咲く

5mm

種子は勾玉の形で硬く光沢がある

集合果の断面。白い部分は果床でスポンジ状

美しいので庭園にも植える。写真の集合果は、すでに鳥がついばんだとみえて、実がまばらになっている

照葉樹林の小さなアボカド 〜オイルを含む緑色の果肉〜

クスノキ

被食鳥 | 種子 | 10〜12月

- *Cinnamomum camphora*
- クスノキ科
- 野山や街の常緑高木

暖地の照葉樹林に自生し、街路樹や公園樹としても植えられる。葉や枝に樟脳を含み、ちぎるとすっとする香りがある。花（円内）は5月に咲く

暖地に生えて巨木になる。トトロのすみかもクスノキだ。思えば、どんな巨木も始まりは1粒のタネなのだ。別の見方をすれば、広範囲にばらまく工夫も必要。クスノキは栄養豊かな報酬で鳥を誘う。緑色の果肉（かにく）はオイルを含み、触ると指先がクリームを塗ったようになる。断面は森のバターと呼ばれるアボカドに似てる？と調べたら、アボカドもクスノキ科だった。

実（液果）は順次黒く熟す

実の断面。アボカドにそっくりだが、味はスパイシーでおいしくない

実の中に種子は1個。表面にウズラの卵のような斑紋がある

食べてね、でもちょっとだけよ♡ ～鳥の気を引く毒の実～

動物散布

ナンテン

被食 鳥 / 種子 / 11～2月

- *Nandina domestica* ● **メギ**科 ● 野山や庭園の常緑低木

鳥は赤い色に敏感だ。ナンテンの実も赤く熟して鳥を誘う。だが一方で、実は数種類の毒を含む。なぜ、鳥に食べてほしいのに有毒なのだろう？　もし鳥がとどまって食べ続ければ、タネはその場に落ちて運ばれない。実に弱毒を含むことで、鳥は少し食べては移動するように仕向けられ、タネは時間的にも空間的にも少量ずつ広範囲に散布されることになる。

葉や茎だけでなく、赤い実も複数の有毒成分を含む。咳止め薬やノド飴などにも用いられる

×1

実の先端の突起は雌しべの花柱の跡。実は液果で、1～2個の種子を含む。種子には硬い殻がなく、ジャガイモのようにいびつ

花は6月。径6～7mmで、白い花びらと黄色い雄しべを広げる

ヒイラギナンテン
同じメギ科のヒイラギナンテンの実は、5～6月に黒紫に熟して白い粉を吹く

1cm

青いつづらを開けると？〜アンモナイトそっくりのタネ〜

アオツヅラフジ

●*Cocculus orbiculatus* ●**ツヅラフジ**科 ●野山のつる性常緑樹

黒っぽく熟す実には、白粉を帯びるものが少なからずある。アオツヅラフジもその例だ。このような実の一部は、表面で紫外線を反射し、紫外領域まで見ている鳥の目にはひときわ輝いて見えるらしい、そんなことが最近わかってきた。ブドウに似た実をつぶすと、とろりとした透明な果肉とタネ（核）が1個。このタネがなんと、アンモナイトの形にそっくり！

5mm

タネはタイヤにも見える

雌花と若い実。雌花には雌しべが3〜6個あり、複数の実が育つ

林縁のやぶやフェンスによく絡んでいる。雌雄異株で、実がつくのは雌株だけ

花は夏に咲く。上：雄花、円内：雌花

実は径約7mm。アルカロイドを含み有毒

実の黒点が語る過去 〜雌しべと雄しべだけの原始的な花〜

センリョウ

● *Sarcandra glabra* ●センリョウ科 ●野山や庭園の常緑低木

×1 / 被食鳥 / 核 / 11〜2月

赤い実と緑の葉が美しく、名も千両とめでたいので、縁起植物として栽培される。円内は園芸品種のキミノセンリョウ

センリョウ科は、被子植物の中でも原始的な性質を多く残すグループだ。花を見ても、花弁や萼片はなく、雌しべの横腹に雄しべが1本どんと突き出ているに過ぎない。センリョウの赤い実には、その痕跡が残っている。実のてっぺんの黒点は雌しべの花柱、横腹の小さな黒点は雄しべがついていた跡なのである。若い実と見比べると、それがよくわかる。

花期は6〜7月。緑色の雌しべの横腹から白い雄しべが突き出る。雄しべの左右の側面が開いて花粉を出す。花びらはなく、雄しべの白と黄で虫を誘う

実を結ぶと、柱頭は黒く枯れ、雄しべも黒変して枯れ落ちる

タネ（核）

5mm

実は径5mm。てっぺんと横腹に見える黒点は、それぞれ雌しべの花柱と雄しべの痕跡。小粒な実にメジロがよく来る。タネは1個で白く硬い

動物散布

果皮に発芽阻害物質を含む　〜骨肉の競争を避ける知恵〜

ヒサカキ

被食鳥　種子　9〜3月

- *Eurya japonica*
- **モッコク**科（旧ツバキ科）
- ●野山や公園の常緑小高木

サカキとともに神事に用いる。雌雄異株で、実は雌株につく。円内は雄花（左）と雌花（右）で、ともに都市ガスに似た異臭を放つ。花期は3月

枝の下側にこんなにびっしりと実をつけて、鳥は食べきれるのか。実際には、地面に落下した種子の約75％が鳥の胃を経たものだったと報告されている。小粒の実には大柄のシロハラやヒヨドリから小さなメジロと、客が多い。果皮(ひ)は発芽阻害物質を含み、食われて果皮が除去されることで発芽が可能になる。なるほど、親の真下でタネが芽を出しても競争が増すばかりだ。

サカキ
モッコク科の常緑樹。花は6〜7月。実は初冬に黒く熟す

実は液果で、つぶすと紫色の汁が出る。味は苦い

実1個分の種子。不規則な形で硬い

サカキの実とタネ
実は柄が長く、柱頭の残存が長く突出する。種子は黒い

ヒヨドリの糞に出たタネ。左上はトウネズミモチのタネ

赤く盛られたイミテーションの実 〜粘液をまとう赤い種子〜

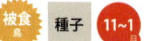

トベラ

被食(鳥) 種子 11〜1月

● *Pittosporum tobira* ●**トベラ科** ●海辺や公園の常緑低木

もともと海岸の植物で乾燥に強く、公園や生け垣に植えられる。雌雄異株で雌株に実がつく。花は5月、甘く香る。円内は雌花

丸い実が裂けて開くと、赤い宝石が果皮(かひ)のお皿にこんもりと盛られたようになる。下向きに裂けても落ちないのは、タネが粘液質にまみれているからだ。魅力的な赤に誘われて鳥が飲み込む。この粘液質は仮種皮(かしゅひ)にあたり、鳥が食べて消化するのはこの部分だけ。試食してみたが甘味はゼロ。栄養価についての評価を裏付ける学術情報が見つからず、鳥がだまされているかどうかは不明。

実は径約1.5cm。葉は精油を含み、ちぎると臭気がある

種子は粘液にまみれ、鳥の体に付着しても運ばれる

5mm

果皮が乾いて3つに裂けると、赤いタネが現れる

×1

乾燥に強い海辺の実 〜種子の形状も鳥専門〜

シャリンバイ

被食 鳥 / 種子 / 10〜1月

● *Rhaphiolepis indica* ●バラ科 ●海辺や公園の常緑低木

公園の植え込みによく使われる。葉は枝先に車輪状に集まってつく。これは葉が丸いタイプ

もともと海岸植物で、葉が厚く乾燥に強い。黒く熟して粉をふく実も、長くみずみずしさを保つので、最近はクリスマスリースの材料として人気がある。実は大きなものでは短径1.5cmと鳥が丸呑みできる限界サイズ。調査報告によればサルも食べるが、種子は大きくて種皮が薄く、哺乳類の歯に噛み砕かれてしまう形状。やはり鳥専門だ。自生地で食べるのはイソヒヨドリか。

実の大きさはばらつく。小さな実は1個、大きな実は種子が2個入っている

×1

花は5月。車輪梅の名のように、ウメに似た径1.5cmほどの白い5弁花が咲き、甘く香る

動物散布

赤く光る偽果 〜萼筒が子房を包んで肥大する〜

ノイバラ

● *Rosa multiflora* ● **バラ科** ●野山の半つる性落葉樹

被食鳥　痩果　9〜11月

形態学的に説明すると、ノイバラの丸い実は子房（しぼう）が膨らんだものではなく、つぼ状の萼筒（がくとう）（花床筒）が肥大して子房をすっぽり包み込んだ偽果（ぎか）であり、内部のタネが実（痩果）にあたる。でも鳥には形態学など関係ない。葉が落ちた後まで実は赤く枝に光る。食べると酸っぱくて渋いが、リンゴに似たさわやかな香りもあり、霜に当たると少しだけ甘くなる。

実の先端に雌しべの柱頭が残る。角張ったリング状の痕跡は萼や花弁の跡。タネの数は1〜8個

1cm

花は5〜6月。房咲きで甘く香る。栽培バラの原種の1つとなった

タネは痩果に相当する。薄い果皮に包まれて石粒のように硬い

5mm

102

ヘビイチゴ

無味無臭の砂糖菓子 〜膨れた果床にタネが乗る〜

被食鳥　痩果　5〜6月

×1

- *Eurya japonica*
- バラ科
- 野原や道端の多年草

ヘビイチゴの花。花期は4〜5月

砂糖菓子のような実。大きく膨れた部分は果床（かしょう）で、その表面に粒々のタネ（痩果（そうか））が乗っている。基本構造は栽培イチゴと同じ（食べる部分は果床）だが、ヘビイチゴの白い果床は弾力のないスポンジ状で、食べても毒はないが無味のスカスカ。それでも季節柄、鳥のヒナの水分補給には役立つかもしれない。よく似たヤブヘビイチゴの実は径1.2〜1.5cmと大きく、夏まで見られる。

ヘビイチゴ
果床の表面は白っぽい

5mm

タネにはしわがある

1mm

ヤブヘビイチゴ
果床の表面は赤く光沢がある

1mm

タネには光沢がある

へたは萼片と副萼片

黄色く熟すおいしいキイチゴ 〜トゲの陰にひっそり実る〜

モミジイチゴ

被食 鳥哺乳類 ×1 | 核 | 5〜7月

- *Rubus palmatus* ●バラ科 ●野山の落葉低木

黄色く熟すおいしいキイチゴ。ただし、枝や葉柄のトゲは鋭くて痛い。多数の実が集まった集合果で、つくりとしては、ヘビイチゴ（p.103）のタネの粒をみずみずしく太らせ、ヘルメットの形にくっつけて細身の果床（かしょう）の上に乗っけたもの。実の粒には網目模様のあるタネ（植物学的には核）が1個ずつ入っている。枝に下向きに実り、鳥や山の動物が食べる。

梅雨の季節に実が熟す。光に透けてとてもきれいだ

反り返った萼のきわに、雄しべの残骸が残っている

集合果は径約1.5cm。甘くておいしい

1mm

早春の3〜4月、横に伸びる枝から下向きに垂れて花が咲き、マルハナバチが訪れる。花は径約3cm

赤く熟すおいしいキイチゴ 〜柔らかく美味な初夏の液果〜

ナワシロイチゴ

被食鳥 | 核 | 6〜8月

- *Rubus parvifolius* ● **バラ科** ●野山の落葉小低木

赤く熟すおいしいキイチゴ。ほふくする枝はトゲが痛い。英語でラズベリーと呼ぶ仲間で、ジャムも作れる。ヤマグワ（p.87）やウグイスカグラなど、初夏に実るベリー（液果）には柔らかいものが多い。果実食のヒヨドリやメジロもこの時期は繁殖期で、ヒナに柔らかなイモ虫をよく運ぶ。初夏の液果はヒナの水分補給兼デザートで、ライバルは栄養豊富な虫だったりする？

明るい草地にほふく枝を伸ばして実をつける。円内は花（花期は5〜7月）

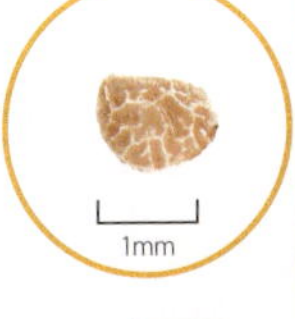

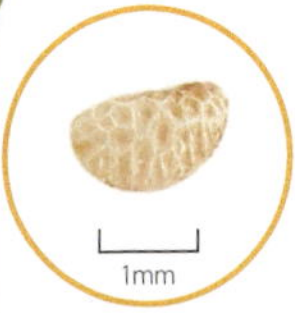

ナワシロイチゴ集合果は径1〜1.5cm。左は果床から外したところ

クサイチゴ
草地や林縁に生える高さ50cmほどの落葉小低木で、茎や葉にトゲがある。3〜4月に径4cmの白い花が咲き、5〜6月に実が熟す。集合果は径1.5〜2cmで、赤く熟すと甘く食べられる

動物散布

北国の冬を彩る赤い実 〜色仕掛けの奥に潜む毒と苦味〜

ナナカマド

被食鳥／種子／9〜11月

● *Sorbus commixta* ●バラ科 ●野山や公園の落葉小高木

真っ赤に熟れて鳥を誘う実。でも長く枝に放置され、霜でしおたれた頃にようやく鳥がやってくる。食べてみるとすごく苦い。果肉(かにく)は青酸化合物のアミグダリンのほか、苦味物質も多量に含むのだ。鳥も少しずつ食べ、あちこちに少しずつタネを運ぶ。セイヨウナナカマドの実はジャムになるが、ナナカマドは苦すぎて食用不能。果実酒は作れる。

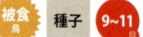

秋に紅葉し、実も赤く熟れる

1個の実の中にタネ（種子）は2〜5個

5mm

×1

花は5〜7月。白い小花がこんもりと集まって咲く

実は萼筒が肥大したもので、頂端に萼片の名残が見える

霜に当たると果序はしおたれて実もしわしわになる。それでもやはり苦い。鳥がこの実に集まるのは2月頃

106

甘い液果を擬態する硬い豆粒 〜赤と黒の二色効果でだます〜

トキリマメ

被食鳥 / 種子 / 10〜11月

- *Rhynchosia acuminatifolia*　●マメ科　●野山のつる性多年草

莢(さや)は秋に赤く色づき、裂けて開くと黒いタネが顔を出す。赤と黒の二色効果で鳥の目を引く作戦だ。黒いタネはつややかで、一見すると甘くジューシーな液果(えきか)(ベリー)に見える。でも、これは鳥をだます企み。実際は硬く、たとえ飲み込んでも体外にそのまま出てしまう。莢も硬く乾いており、食べられる代物ではない。鳥をだまして運ばせているのだ。

花は7〜9月。淡い黄色の花が房になって咲く

秋も深まる頃、里の林縁や野道で赤い莢が開き、黒く光るタネがのぞく。同属のタンキリマメは全体に毛深く、葉が厚い

×1

5mm

種子は硬くて消化できない

完全に熟すと、開いた莢の縁にタネが乗っかる形になる

107

動物散布

甘い液果を擬態する硬い豆粒 〜紫の莢と偽ベリー〜

ノササゲ

被食鳥 / 種子 / 10〜11月

● *Dumasia truncata* ●マメ科 ●野山のつる性多年草

紫色のマメの莢（さや）はノササゲだけの美しさ。その莢が開くと、青白い粉を帯びた黒紫色の豆粒が現れる。トキリマメ（p.107）と同じく、これも鳥をだます偽ベリーだ。莢の両側にこれみよがしにぶら下がる豆は、甘い液果のように見えるが、実際はとても硬く、果実食の鳥が食べても消化できない。種子の表面で紫外線の反射や吸収を調べたが、とくには認められなかった。

晩秋、莢は美しい紫に染まり、中に入っている豆の数だけ、ぷっくり膨らんでくびれる

花期は8〜9月。花は淡黄色で、長さ約2cm

紫色の莢は長さ2〜5cm。熟して乾くと2つに裂けてめくれ上がる

×1

黒紫色に熟したタネは白い粉を帯び、黒く光る目玉模様が浮かぶ

果皮がめくれて乾いた実。名は野とつくが、山の林縁に生える

ミシン目入りのグミキャンディー 〜くびれた莢を鳥が食べる〜

エンジュ

被食 鳥／種子／11〜2月

- *Styphonolobium japonicum*　●マメ科　●公園や街路の落葉高木

晩夏の花が終わると、数珠のようにくびれた莢（さや）が枝に垂れる。11月を過ぎると、緑の莢は半透明になり、タネが透けてのぞく。食感はグミキャンディー。渋いがほのかに甘い。この頃から2月頃までヒヨドリが押しかけて生乾きの莢を食べ、硬い種子を糞に出す。エンジュの莢は、鳥がひと口サイズにちぎりやすいように、わざとくびれているのかもしれない。

樹上で乾いた莢を食べるヒヨドリ

中国原産の薬用植物で、街路樹によく植えられる。羽状複葉とくびれた莢が特徴。花期は7〜8月で、黄白色の小花が多数群れる

乾いた莢は硬くなる。ひと莢の中にタネは1〜5個くらい

莢は発泡成分のサポニンを含み、生乾きのときにちぎるとベトベトする

タネは光沢があり硬い

1cm

動物散布

冬枯れの枝に白く光るタネ 〜ロウを含む白い仮種皮〜

ナンキンハゼ

被食 鳥　種子　11〜1月

● *Triadica sebifera*　●**トウダイグサ科**　●野山や街路、公園の落葉高木

雄花穂の基部に雌花がつく

仮種皮をつつくスズメ

冬枯れの枝に点々と白い実が、と思いきや、実ではなく種子なのだ。熟すと果皮(かひ)が裂けて落ち、白い種子が裸出して枝に長く残る。白い仮種皮(かしゅひ)が黒い種子本体を約0.5mmの厚さに覆っているのだ。主成分はロウで、ヒヨドリやキジバトなどには冬場の貴重なカロリー源だ。中国原産で、昔はロウ採取目的で栽培され、暖地に野生化した。公園や街路樹にも多い。花は7月に咲く。

果皮が裂けて3個（ときに4個）の種子が裸出する

5mm

上：種子
下：仮種皮をむいた種子。とても硬い

×1

雄花穂が枯れ落ちて短くなった果序に、数個の若い実が育つ

オイルに富む種皮の魅力 〜大量のタネを未来に送る〜

アカメガシワ

被食 鳥　種子　8〜10月

- *Mallotus japonicus*　●**トウダイグサ**科　●野山や空き地の落葉高木

雄株の花期。甘く香る

雌株の花期。若葉は赤い

空き地に生えて成長が早い、いわゆる陽樹の一つ。雌雄異株で花は6〜7月。雌株は秋に果穂を立て、熟すと裂けて黒い種子が裸出する。種子は表層に油分を含み、こすると油がにじむ。鳥たちには大人気で、小柄なメジロからカラスまで、シーズン中は毎日にぎわう。鳥の体外に出た硬い種子は、暗い場所では休眠(きゅうみん)し、裸地特有の温度変動を感じると休眠が解けて芽を出す。

実の表面には突起と腺毛が多い。熟すと裂けて3〜4個の種子が現れる

雌しべには3本(時に4本)の花柱があり、はじめ赤く、成熟すると黄色になる。花弁はない

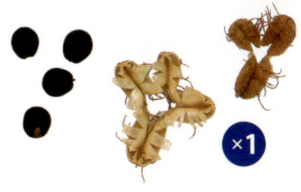

1cm

×1

種子は黒光りして鳥の目によく目立つ。裂けた果皮はリング状につながった状態で地面に降ってくる

動物散布

スパイシーな実と黒く光る種子 〜高カロリーの油脂で鳥を誘う〜
カラスザンショウ
- *Zanthoxylum ailanthoides*　●ミカン科　●野山の落葉高木

被食鳥　種子　11〜1月　×1

大きな羽状複葉が特徴。
円内は種子を食べるヒヨドリ

果皮(かひ)にスパイシーな香りがあり、仲間のサンショウと同様、辛くて舌がしびれる。試しに肉料理に使ってみたら、おっ、いける。でも鳥が食べるのは黒く光る種子。表面に油分が多く、つまむと指がてかる。アカメガシワ（p.111）同様、高カロリーの油で鳥を誘う種子なのだ。明るい場所に育つ陽樹で、種子は地中で長年休眠(きゅうみん)し、土の温度から裸地を検出して芽を出す。枝はトゲが鋭い。

実は枝分かれした果序につく

1cm

花期は7〜8月。雌雄異株で、緑白色の小花を枝先に多数集めて咲く。写真は雌株

1個の花から3つセットの実（分果）ができる

5mm

種子は表層に油脂を豊富にもつ

112

冬枯れの枝に残る白い実 ～6稜のある大きな核～

センダン

被食鳥 | 核 | 11〜2月

- *Melia azedarach* ●**センダン**科 ●野山や公園の落葉高木

鈴なりの実は白っぽく乾き、落葉後も枝に長く残る。写真は1月末

繊細な羽状複葉は涼しげで、よく公園や庭に植えられる。古名は楝（おうち）で、万葉集にも詠まれる

西日本の暖地に多い木で、ことわざの栴檀(せんだん)とは別物。冬枯れの梢(こずえ)に黄白色の実が目立つ。鳥が食べる実には人気順位があるが、これは不人気の部類で、年が明けて実も乾きかけた頃にやっとヒヨドリやムクドリが飛来する。白くべとつく果肉(かにく)は苦くえぐくて有毒。タネ（核）は非常に硬く、4〜6すじの角があって断面は星形になる。初夏の花は美しく、枝先が薄紫にけぶる。

実は樹上で乾いてしわしわになる

×1

花期は5〜6月。花は径約2cmで、中心に紫色の雄しべが筒型に集まって立つ

核の形や大きさは株により異なる

核の断面。角の数だけ種子が入っている。中心の穴を貫通させると天然のビーズになる

真っ赤に燃えるロウの実 〜紅葉とタイアップして熟す〜

ハゼノキ

- *Rhus succedanea*
- ウルシ科
- 野山や庭園の落葉高木

被食鳥 / 核 / 11〜12月
×1

ウルシの仲間で未熟果はかぶれ成分を含むが、熟して乾くにつれて消失し、繊維の間に鳥への報酬となるロウが貯まる。昔はロウソクの原料として栽培された。カラスの密度が高いと紅葉前に実が食べ尽くされるが、ふつうは紅葉と同時に実が熟す。目立たない実に代わり、木全体の鮮やかな紅葉が鳥への広告旗となっているとも考えられる。キツツキ類やカラ類もよく訪れる。

5mm

左から、実、実の内部（ロウを含む中果皮と核）、核。核はとても硬い

カラスのペリット（吐き戻し）。ハゼノキの核と繊維が含まれている

花期は5〜6月。雌雄異株で、雌株は実をつけた翌年はふつう花が咲かない。上：雄株、左下：雄花、右下：雌花

動物散布

黒い花びらの危険な誘惑 〜毒の実の不思議な構造〜

ドクウツギ

×1 | 被食鳥 | 分果 | 6〜7月

- *Coriaria japonica* ●**ドクウツギ**科 ●野山の落葉低木

猛毒で有名。葉も茎も毒だが、中でも赤い未熟果は毒性が強く、昔は誤食による子どもの死亡例が多かった。黒く熟した実は青臭さと甘さが同居したような味でジューシーだが、味見は危険。実のつくりは面白く、果肉と見えるのは多汁質の花弁（かべん）。花弁は5枚で、開くと中心に5〜6個のタネがあるが、これは実が5つに分かれて熟した分果（ぶんか）に相当し、硬く光沢がある。

花は4〜5月。風媒花で、雄花序は枝から下向きに、雌花序は上向きに伸びる

雌花序。赤い花柱が5個ある。花弁は萼に隠れている

×1

下は花弁を開いたところ。花弁は紫色の汁を含んで破れやすい

赤いのは未熟果

多肉化した5枚の花弁がタネを包む

1cm

黄色と朱赤の対比 ～種子を包む果肉状の仮種皮～

ツルウメモドキ

被食鳥 / 種子 / 11~12月

- *Celastrus orbiculatus*　●**ニシキギ科**　●野山のつる性落葉樹

黄色い果皮(かひ)は3つに裂けて反り返り、鮮やかな朱赤の玉をさらけ出す。この赤い部位は実でも果肉でもなく、仮種皮(かしゅひ)といって、胎座(たいざ)（種子が親植物とつながっていた、いわばへその緒）が発達して種子を包みこんだものであり、ツルウメモドキ属やニシキギ属に共通して見られる。ぶよぶよした仮種皮にはほのかな甘みと苦味、えぐみがあり、鳥への報酬となって種子の旅をサポートする。

里山のつる植物で、樹木にまきついてよじ登る。黄色と朱赤の対比が美しく、実つきの枝を生け花やリースに用いる

雌雄異株でこれは雄株。名は葉の形がウメに似たつる植物という意味

5mm　×1

花期は5月。雌花の柱頭は花外に長く突き出し、実の時期まで残る

雌しべの花柱を長く突き出した実の果皮は、乾くと3つに割れる。内部は3室に分かれ、各室に最大2個、計6個の種子が熟す

動物散布

朱赤のイアリング 〜オイルを含む赤い仮種皮〜

マユミ

●*Euonymus sieboldianus* ●**ニシキギ科** ●野山や庭園の落葉小高木

被食鳥／種子／10〜12月 ×1

秋も深まるころ、実は割れて赤いタネを吊るす。実つきの枝は花材とされる

ぷっくり角張った珊瑚色の実。実は晩秋に4つに割れると朱赤のイアリングを吊り下げる。イアリングの宝石は赤い仮種皮をかぶった赤い種子。仮種皮は薄く、種子の半分しか覆わないこともあるが、鳥への報酬はたっぷり。仮種皮はオイルを豊富に含み、わずか種子1個分で両手に天然のハンドクリームが広げられ驚く。ただしアルカロイドも含まれ、人が食べると有毒という。

1個の実に1〜4個の種子がぶら下がる

若い実。実は四角く膨らむ

マユミの種子（乾燥時）。上2つは仮種皮をかぶった状態。仮種皮の発達の程度には大小がある。下2つは仮種皮をむいたもの

花は5月。径1cm。緑白色で目立たない。花柱の長さに2型があり、長花柱型（写真下）の花は結実するが、短花柱型（写真上）はふつう結実せず実質的に雄株となる

ワイン色のベレー帽 〜赤い仮種皮のごちそう〜

ニシキギ

●*Euonymus alatus*　●**ニシキギ**科　●野山や庭園の落葉低木

被食鳥／種子／10〜12月

名は「錦木」で、秋は紅葉が美しい。枝にコルク質の翼が出るのが特徴

花は5月。地味な黄緑色で径約7mm

1個の花から、ふつう1〜2個の分果ができる

マユミ（p.117）と同属で、実は裂けて赤いタネをつるす。裂ける直前の実はジャガイモかラッカセイを思わせる丸い形。裂けてめくれると、果皮はワイン色のベレー帽になり、タネの上にちょこんと載ってかわいらしい。1個の花から最大4個の分果ができ、それぞれが1個ずつ種子を作る。種子をすっぽり包む朱赤の仮種皮は、オイルを豊富に含み、高カロリーのごちそうで鳥を誘う。

果皮はめくれて乾くとワイン色になる。朱赤の仮種皮は厚さ約0.8mm。むくと白い種子が現れる。種子が赤いものもある

枝に翼のでないタイプを**コマユミ**と呼ぶ。それ以外はニシキギと同じ

5mm

他人のそら似の赤と黒 〜液果を装う硬い種子〜

ゴンズイ

被食鳥 / 種子 / 9〜10月

- *Euscaphis japonica* ■ミツバウツギ科 ●野山の落葉小高木

赤い果皮が裂けて開くと、真っ黒な種子が現れる

赤と黒の強烈なコントラスト。どこかで見たと思ったら、そう、トキリマメ（p.107）にそっくりだ。ゴンズイの黒光りするおいしそうな実も、正体は食べる部分のない硬い種子。マメ科とミツバウツギ科は赤の他人だが、鳥をだまして運ばせるという共通の戦略から似たもの同士になった。枝先の果序につく赤い実は熟すと割れて反り返り、黒い種子が露出する。

種子は薄く乾いた外皮（仮種皮）に包まれて光沢がある

×1

花期は5月。花は黄緑色で径5mm。雌しべの基部はすでに3つにくびれている

若い実。1個の花から1〜3個の分果（袋果）ができ、それぞれに1〜2個の種子が作られる

119

動物散布

色とりどりの野の宝石 〜虫こぶといわれる実の正体〜

ノブドウ

被食 鳥　種子　8〜10月

- *Ampelopsis glandulosa*　● **ブドウ**科　● 野山のつる性半低木

色とりどりの宝石のような実。実の一部はノブドウミタマバエなどが寄生して虫こぶ(かく)になる。だが季節にもよるようで、11月に採取した実（写真）はすべて無傷で虫はいなかった。果肉や種子の状態から、濃い青や紫の実は未熟で、白い実が熟果であるようだ。白い実の果肉は白く半透明で、少々舌に残るがブドウに似た食感でほのかに甘い。ただし青や紫の実の種子もまけば正常に発芽する。

雑草的な性格が強いが、色とりどりの実は宝石のように美しく、メルヘンの世界に誘われる

×1

×1

白い実の断面。果肉は甘くとろけ、種子は褐色に熟している

1個の実に種子は1〜4個。これは白い実の種子

1cm

青い実の断面。果肉は硬く、種子は白っぽい

8月の若い実。一部は大きく膨れてタマバエのさなぎが入っていた

花は7〜8月に咲くが、緑色で小さく目立たない

壁に実るブドウ状の実 〜成長から繁殖への切り替え〜

ツタ

被食鳥　種子　11〜12月

● *Parthenocissus tricuspidata*　●**ブドウ科**　●野山や街のつる性落葉樹

木の幹や壁を吸盤や気根(きこん)でよじ登り、日の当たる高みに場所を確保すると、ツタは短枝を出して柄の長い大きな葉と同時に花や実をつけるようになる。成長から繁殖へと切り替え、新天地にタネを送るのだ。実は黒紫色に熟して白い粉を吹き、小粒のブドウのようだが果肉(かにく)は少ない。ヒヨドリやジョウビタキが食べるが、ヒトにはえぐみが強く、のどが痛くなる。

×1

実は径5〜8mm程度。中に1〜3個の種子が入っている

花は小さく緑色で目立たない。雄性先熟(雄しべが雌しべより先に熟す)で、花弁と雄しべが散った後で雌しべが熟す

秋は紅葉が美しい

動物散布

甘くて渋い銀箔の実 〜鱗片に覆われて真っ赤に熟す〜

アキグミ

被食(鳥)　種子　9〜11月

● *Elaeagnus umbellata*　●**グミ科**　●野山や河原の落葉低木

葉とともにキラキラ光る鱗片(りんぺん)におおわれた実は、ひと目でグミの仲間とわかる。小粒だがたわわに実るアキグミは、甘くて渋い子どものおやつ。熟すにつれて黄から赤に変わるので、子どもも鳥も非破壊的に熟果を判別でき、植物側も損害を防げる。実は偽果で、可食部分は多肉化した萼筒基部(がくとう)。果皮は薄くすぐはがれ、タネの外側は木化(もっか)した外種皮(がいしゅひ)に相当する。

実は小粒で丸く、短い柄があって枝につく。葉は細長い

花は4〜6月、甘く香る。花弁はなく萼が花びらに見える

トウグミは1粒ずつ垂れて実り、初夏に熟す

実は甘く熟すが渋い。でも渋みは口に残らない

実の中にタネは1個。タネには8本の隆起がある

5mm

トウグミ
4〜5月に咲いて6〜7月に熟す。実には長い柄があり、1〜3個ずつ垂れて熟す。大粒で甘くおいしいので、よく似た変種のナツグミとともに栽培もされる

苦い、くさい、まずい。~鳥に不人気な美しい実~

イイギリ

- *Idesia polycarpa* ● **ヤナギ**科（旧イイギリ科） ● 野山や公園の落葉高木

×1 / 被食（鳥） / 種子 / 11~2月

雄株の花。よい香りがする

こちらは雌株。花期は5月

雌雄異株で、雌株には赤い実がブドウのような房に垂れる。緑の葉とのコントラストも際だって魅力的だが、試食すると、果肉(かにく)は苦くて悪臭があり、とてもまずい。鳥も見向きもせず、落葉後も枝に残ったまま。ところが、1月半ば頃になるとヒヨドリが群れ集まり、騒がしく食べ尽くす。わざとまずくすることで、散布時期を選んでいるのかもしれない。

実と実の断面。黄色い果肉には悪臭がある

実1個分のタネ。陽樹で、明るい場所に芽生えて成長が早い

1cm

1cm

123

動物散布

朱赤の実の中の結び文 〜とろける果肉で種子を包む〜

カラスウリ

●*Trichosanthes cucumeroides* ●**ウリ**科 ●野山のつる性多年草

被食鳥 / 種子 / 10〜12月

若い実は縞模様の瓜ん坊。朱赤に熟ればハロウィンランタン。熟果の内部ではゼリー状の果肉にくるまれてタネが並ぶ。タネはカマキリの頭か結び文、あるいは打ち出の小槌に見え、新鮮時は滑らかで光沢がある。切ると、中心に種子の本体、両翼は繊維質の走る空洞部分。空洞になにか意味があるのだろうか。角張る種子はとろける果肉にくるまれ、鳥ののどに滑り込む。

草深い里に小人たちのランタンが吊り下がる。円内は未熟果

実の断面。果肉は甘みがなく苦い

雌雄異株で、写真は雌花。花は夜に開き、白い花びらの繊細なレースを広げて蛾を招く

種子。左から乾燥時、断面、生鮮時

ヒヨドリ狙いの大きな実 〜日蔭で育つための蓄え〜

アオキ

被食 鳥　核　12~3月

- *Aucuba japonica*
- **アオキ**科（旧ミズキ科）
- 野山や庭園の常緑低木

雌雄異株で、雌株には赤くつややかな実が熟す

花は3〜4月に咲き、径約1cm。これは雄株の雄花

雌花。雄しべは退化

赤い実と緑葉のクリスマスカラーは雌株だけの特権だ。大柄なヒヨドリが飲み込む実に大きなタネが1つ。硬い殻はなく、弾力性に富む胚乳（はいにゅう）に養分を蓄えている。大きなタネは林床で生きるのに有利に働く。最初から大きな双葉（ふたば）を広げ、少々の光不足にも我慢できるからだ。色がまだらで形がいびつなのは、アオキミタマバエの幼虫が寄生した虫こぶの実。

×1

実は長さ1.5〜2cm、幅1〜1.3cm。口の大きなヒヨドリをターゲットとする実だ

アオキミタマバエの幼虫。写真は体長0.4mm

アオキミタマバエが寄生した実。いびつな形で、タネはできない

山のトロピカルフルーツ 〜両刀遣いの集合果〜

ヤマボウシ

被食&哺乳類 | 核 | 9〜10月

- *Benthamidia japonica*
- ミズキ科
- 野山や公園の落葉高木

名は山法師。てるてる坊主の実を見ると、剃り跡みたいなボツボツが。これは雌しべの跡。4枚の白い苞の中心に咲いた数十の小花は、互いに癒合して1個の集合果に育つのだ。熟すと1〜数個のタネ(核)を含んで一体化し、マンゴーに似てとろりと甘い果肉となる。赤い色で鳥を誘う一方で、甘い熟果はすぐ落下するなど、鳥と哺乳類の双方に適応した性質をもつ。

花も実も美しく、よく庭木とされる。円内はタネ(核)で非常に硬い

5mm

実は径1〜2.5cm。表面に見える蜂の巣状の仕切が個々の花の跡

×1

実の断面。とろける果肉は甘くおいしい

花期は6月。4枚の白い総苞片の中心に多数の小花が球状に群れ咲く。白い総苞と丸い集合果が、平安時代の僧兵の装束を思わせる

動物散布

赤い実の金平糖 〜北アメリカで進化した鳥専門の実〜

ハナミズキ

被食鳥　核　10〜12月

- *Benthamidia florida*　● ミズキ科　● 街や公園の落葉小高木

ヤマボウシに近い北アメリカ原産の園芸植物で、花は似ているが集合果を作らず、花がそれぞれ独立に実を結ぶ。ヤマボウシの集合果と見比べてみると、なるほど、先端部分にちょっと面影がある。実は熟した後も美しさを保って高い枝に残り、動物の領分である地面に落ちてはこない。食べてみると甘みもなく、ひたすら苦い。こちらは鳥を専門とする実なのだ。

街路樹や公園樹としておなじみ。葉が紅葉する頃、実も鮮やかに色づく

1個の実に硬いタネ（核）が1個

×1

鳥をターゲットとするひと口サイズの実が、数個ずつ金平糖の形に集まってつく

総苞の中心に20個ほどの花が集まって咲く

花は4〜5月。ピンクまたは白の総苞が花びらのように見える。総苞の先は丸くくぼむ

筏に乗った実 〜葉の中心に花や実がつく〜

ハナイカダ

被食鳥 / 核 / 7〜9月

- *Helwingia japonica*
- **ハナイカダ**科（旧ミズキ科）
- 野山の落葉低木

びっくり、葉の上に実がなっている!? 花も葉の上に咲くので「花筏（はないかだ）」。といってもよく見ると、実や花の付着点から葉柄（ようへい）の間だけ葉脈（ようみゃく）が太い。じつは花序（かじょ）の柄が葉脈と癒合（ゆごう）していて、それで葉の真ん中に花や実がつくように見えているのだ。雌雄異株で、雌株は葉の上にふつう1個の花を咲かせて、実をつける。実は夏から秋につややかな黒紫色に熟し、甘酸っぱくておいしい。

葉の真ん中に花や実がつく姿は、一度見たら忘れない。明るい林の下に生える

×1

実は甘酸っぱく、つぶすと紫色の汁が出る

花は4〜6月に咲き、径5mm。写真上は雄株。雄花は数個集まって咲く。円内は雌花。雌花は1〜2個咲く

5mm

1個の実にタネは1〜4個

丸い果序につく丸い実 〜頭のてっぺんに毛が3本？〜

ヤツデ

被食鳥｜種子｜3〜5月

- *Fatsia japonica* ● **ウコギ**科 ●野山や公園の常緑低木

大きな葉の中心に大きな果序（かじょ）。ピンポン玉大に集まる実の粒をよく見ると、あら、蓋つきの器みたい。実の上側の部分だけ異なる材質で、しかもてっぺんに毛が数本。花を見ると、不思議な形の成り立ちがわかる。毛は雌しべの名残。蓋の部分は蜜の滴を盛んに出していたスポンジ状の花盤（かばん）（太って盛り上がった花床（かしょう））の名残。実が黒く熟す頃には、果序は重たく、頭を垂れる。

林床に常緑の葉を広げ、冬から春の陽光を利用する

種子は平べったい

花は雄性先熟。円内は雌性期の花

雄性期の花で蜜をなめるホソヒラタアブ。この後に花弁と雄しべが落ち、雌しべが伸びる

ほぼ熟した果序。1個の実に種子は3〜5個

繁殖モードへの転身 〜葉の形を変えて実を結ぶ〜

キヅタ

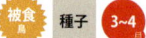

被食鳥 | 種子 | 3〜4月

- *Hedera rhombea*
- **ウコギ科**
- 野山や植え込みの常緑低木

繁殖モードの枝葉と実。黒紫色の実をヒヨドリやレンジャク類が好んで食べる

ツタ（p.121）と同様、育つ過程で葉や枝の形を変え、成長から繁殖に切り替える。葉に光を浴びてハイレベルの収入（光合成量）を確保すると、枝を空中に突き出し、明るい環境に適したつくりの葉を出して、花や実をつけるのだ。花は秋に咲き、実は春に黒く熟す。いびつな球形をした種子は柔らかい皮に覆われ乾燥に弱い。洗ってビニール袋に入れていたら数日で発根した。

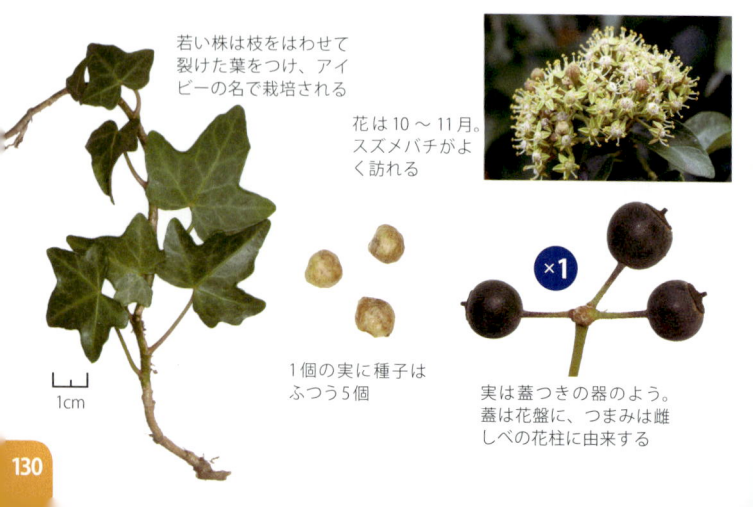

若い株は枝をはわせて裂けた葉をつけ、アイビーの名で栽培される

花は10〜11月。スズメバチがよく訪れる

1cm

1個の実に種子はふつう5個

×1

実は蓋つきの器のよう。蓋は花盤に、つまみは雌しべの花柱に由来する

翌夏までつややかな赤い実 〜いつまでも気長に鳥を待つ〜

マンリョウ

被食鳥　核　11〜6月

● *Ardisia crenata*　● **サクラソウ**科（旧ヤブコウジ科）　● 野山や庭の常緑低木

冬の赤い実の中でも鑑賞期間が長く、鳥が食べなければ夏まで枝に美しく残る。鳥に食べてほしいのに、栄養価に乏しいのか、鳥には人気薄。そこで、ぱっと目を引く色つやで誘いをかける。結果、鳥がつい食べては少しずつあちこちに運び、チャンスを広げる。不人気も計算のうちなのだ。日本から園芸目的で運ばれたアメリカ南部では、鳥がタネを運んであちこちに増え、侵略的外来種となっている。

花は7月。径8mmで下向きに咲く。鳥の来ない都会では、花の時期まで実が残ることもある

葉の下側に実がつく。ヒヨドリやメジロ、ツグミ類などが食べる

×1

果肉は味がなく水っぽい。中には手毬のようなすじのある硬いタネが1個

実のつく側枝の葉は早々に枯れ落ち、実だけが枝に長く残る

動物散布

ネズミの糞に似たねずみ色の実 〜タネで見分けるトウネズミモチ〜

ネズミモチ

被食鳥 | 種子 | 10〜1月

- *Ligustrum japonicum*
- モクセイ科
- 野山や公園の常緑小高木

長楕円形の黒い実が、色といい形といい、ネズミの糞にそっくりなのが名の由来。新鮮な実では白い果肉(かにく)がタネを包み、ほのかな甘みと苦味がある。鳥の優先順位は比較的高く、年内の早い時期にほぼ食べ尽くされる。タネに硬い殻はないが、タネの大半を占める胚乳(はいにゅう)がちょうど米粒のように硬い。公園などに植栽される中国渡来のトウネズミモチは実が丸っこい。

常緑の枝葉がよく茂り、生け垣にも利用される。円内は花。花期は6月

トウネズミモチ
公園などに植栽されるトウネズミモチの実は丸く、果軸は赤みを帯びる。1月頃、ヒヨドリが群れて食べつくす

ネズミモチ
×1

ネズミモチの種子。1個の実に1〜2個のタネがある

トウネズミモチ
実は似ていてもタネの形はまったく違う

1cm

鳥はくさくても平気？ 〜くさくて甘い金色の実〜

ヘクソカズラ

×1

被食 鳥　種子　10〜2月

● *Paederia scandens*　**アカネ**科　●野山や道端のつる性多年草

葉や茎をもむとおならに似た悪臭があり、実もつぶすと臭う。それで「屁糞」。実の外側の皮は萼筒（がくとう）に相当し、中に実（分果（ぶんか））が2個入っていて、タネも2個できる。熟果の果肉（かにく）はマーマレード状で、苦みはあるがほんのり甘い。ただし野外ではしいなも多く、しいな※はカサカサに乾いてまずい。一般に鳥はニオイに鈍感だが、ヒヨドリはどう感じているのだろう。

※完熟せずにしなびた種子

ヘクソカズラの花。萼の部分が子房を包んで大きくなる

つるの葉腋に果序がつく。写真の実は未熟で、葉が枯れた頃に完熟する

5mm

実の黄褐色の外皮は萼筒に、先端の突起は萼裂片に由来する

5mm

種子は2個。シイタケの傘のような色と形

動物散布

鮮やかな黄に染める実 〜萼に包み込まれた偽果(ぎか)〜

クチナシ

被食鳥 / 種子 / 11〜1月

- *Gardenia jasminoides*　●**アカネ**科　●庭園や野山の常緑低木

基盤や将棋盤の脚は、クチナシの実の形がモチーフだという。円内は花。花は6〜7月に咲き、すばらしい芳香を放つ

いつ実が裂けて口が開くかと待っていても開かない。それで「口無(くちなし)」と名がついた。果肉にカロチノイド色素を豊富に含み、黄色いタクアンやキントンの着色料に使われる。実の外皮は萼筒に由来し、5〜6枚の萼裂片(がくれっぺん)が先端に残る。切ると、朱色の果肉に埋もれてタネがぎっしり。冬の間にヒヨドリなどが実をつつき、タネごと果肉を食べて空洞にする。

実を干して食品の着色料に用いる

×1

1cm

タネは平べったく、赤くて硬い

実の断面。1個分のタネを数えてみたら195個あった

小鳥を誘う紫色の実 〜小粒な実の小さなタネ〜

ムラサキシキブ

被食鳥　核　10〜1月

● *Callicarpa japonica*　●シソ科（旧クマツヅラ科）　●野山や庭園の落葉低木

実は上品な紫色に熟して美しい

紫色の実の美しさを讃えて、紫式部の名がついた。径3〜4mmと小粒な実は、小柄なメジロの口にもたやすく入る。紫色の果皮（かひ）の内側には、白くてかすかに甘い柔らかな果肉（かにく）と、最大4個の小さなタネ。小柄な鳥の繊細な消化管に合わせているようだ。雑木林に生え、庭園にも植えられるが、ふつうムラサキシキブの名で栽培されるのは、たいてい近縁種のコムラサキである。

6〜7月、薄紫色の繊細な花が咲く

コムラサキ
よく栽培される近縁種のコムラサキ。しだれた枝の上面に実がまとまってつく。実やタネはよく似ている

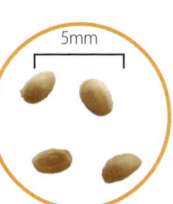

5mm

1個の実にタネは4個

クサギ

真紅の星と瑠璃の玉 〜鮮烈な色のコントラスト〜

● *Clerodendrum trichotomum*　　●**シソ**科（旧クマツヅラ科）　　●野山の落葉小高木

被食鳥／核／9〜11月

野山の雑木だが、実の美しさはピカイチだ

夏に花の基部を包んでいた薄紅色の萼は、すぼんだまま、厚みと色の濃さを増す。そして秋、肉厚の萼が赤い星形に開くと、濃藍色の実が天然のブローチさながらに輝く。赤と藍の二色効果で鳥の目を引く作戦だ。実をつぶすと青い汁と最大4個のタネが出て、青い染料として草木染めに使われる。茎葉をちぎるとゴマに似た強い臭気があるのが名の由来。

花は7〜8月。芳香があり美しく、蛾やアゲハが訪れる。花は萼の中から咲き、実も萼に包まれて大きくなる

萼は花後に赤く色づき、星形に開く。藍色に光る実との色のコントラストに目を奪われる。萼は灰色の染料になる

1個の実に硬いタネ（核）が1〜4個。タネの表面には網目状の隆起がある

5mm

健康食や漢方でおなじみ 〜赤く熟れる「枸杞の実」〜

クコ

- *Lycium chinense* ●**ナス**科 ●野山や道端の落葉低木

被食(鳥)　種子　9〜11月

花は紫色で径約1cm。夏から秋に、次々に咲く

たわわに実る実。枝にはところどころにトゲがある

根も葉も実も薬になる有名な薬草。健康食として料理に用い、干した実がスーパーでも売られているが、じつは都心の道端や空き地にも意外とふつうに生えていたりする。実は秋に赤く熟し、そのまま、あるいは干して料理に入れたり果実酒を作ったりできる。生で食べると、赤くジューシーな果肉は甘みとやや苦味があり、ちゅるんとのどを通過する。

クコのタネ
1個の実にタネは2〜20個。同じナス科だけに、ピーマンのタネとよく似ている

5mm

ヒヨドリジョウゴの実

ヒヨドリジョウゴ
野山に生えるナス科のつる性多年草。赤い実はミニトマトを思わせるが、ソラニンを含み有毒という

ヒヨドリジョウゴの花とタネ（円内）

動物散布

里山の甘酸っぱい味覚 〜雑木林の赤い宝石〜

ガマズミ

● *Viburnum dilatatum* ●**ガマズミ科**（旧スイカズラ科） ●野山の落葉低木

被食鳥 ×1 核 9〜11月

実は甘酸っぱく、ジャムや果実酒も作れる。円内は花

赤く色づく小粒の実は、爽やかな酸味があって食べられる。霜に当たるころには甘みも増す。ときどき赤い実にまじって表面が毛羽だった緑色の玉が見られるが、これは虫こぶで、中にタマバエの幼虫がすんでいる。虫こぶの内部をおいしく食べて、しかも鳥に見つからないよう、虫は植物の成長をコントロールして変形させ、光沢のない緑色に誘導するのだ。花期は5〜6月。

実はやや平たく先がとがる。熟すと赤い珊瑚玉のよう

5mm

緑色の玉はガマズミミケフシタマバエの幼虫がすむ虫こぶ。表面は毛羽だって赤くならず、鳥も食べない

実の中にタネは1個。平たいハート形で裏面には溝が2本ある

5mm

赤から黒に変わる珊瑚の実 〜赤い未熟果は宣伝要員〜

サンゴジュ

被食鳥　核　8〜10月

- *Viburnum odoratissimum*
- **ガマズミ**科（旧スイカズラ科）
- 街や野山の常緑高木

特価品の赤い値札は目立つ。でも赤に黒を効果的に加えると、色の対比でより目を引く。植物の実もこうした二色効果をしばしば用いる。「珊瑚樹」の名の由来となった赤い実は未熟な実で、少しずつ熟しては黒くなり、実の房に赤と黒が入り交じる。植物も未熟な実をよけて食べてもらえて都合がいい。関東南部以西に自生し、垣根や防火樹に植えられる。

6月、白い小花を多数つける

夏には実が赤く色づく

実の中には硬いタネ（核）が1個。深い縦溝がある

5mm

×1

黒い熟果と赤い未熟果。赤い実は硬くて渋く、黒い実はジューシーで甘酸っぱい

動物散布

草陰に青く輝く宝石 〜青い実はホントは種子の変わり種〜

ジャノヒゲ（リュウノヒゲ）

被食 鳥　種子の胚乳　12〜3月

- *Ophiopogon japonicus*　● **キジカクシ**科（旧ユリ科）　●野山や庭園の常緑多年草

青い実とみえるものは、じつは種子。花後すぐに果皮（かひ）がむけ、種子がむき出しで育つのだ。1個の花から最大6個の種子ができるが、栄養の制限からふつうは1〜3個。青い皮は肉厚の種皮（しゅひ）で、むくと乳白色の胚乳（はいにゅう）が現れる。胚乳は弾力に富み、敷石に投げつけるとスーパーボールのように高く弾む。葉陰の宝石を目ざとく見つける主客は、冬鳥のシロハラと推測される。

葉陰に光る青い"実"。俳句では、これを竜の玉と呼ぶ。雑木林に生え、庭に植える

近縁属の**ヤブラン**。雑木林や庭園の常緑多年草。花期9〜10月。果期10〜1月

ジャノヒゲの花。7月にうつむいて咲く。1個の花から1〜3個の種子ができる

ヤブランの花と実。花（左）が終わると果皮がむけ（中央）、種子が裸出する（右）

×1

ジャノヒゲの種子
青い種子は径8〜12mm。鳥の可食部分は厚さ1mm、胚乳は径6〜9mm

ヤブランの種子
黒い種子は径7〜8mm、胚乳は径6〜7mm。タネ（胚乳）はよく弾む

ベリーを装う砂粒の実 〜紫外線反射で魅惑の輝き〜

ヤブミョウガ

- *Pollia japonica*
- **ツユクサ**科
- 野山や公園の多年草

被食鳥 / 種子 / 8〜12月 / ×1

ヤブランと同類に見えるが、この実はベリーを装って鳥をだます。熟すとすぐに乾き、あとは硬い皮の下に角張ったタネがぎっしり詰まって、味も素っ気も水毛もなく、食べてもジャリジャリ砂を噛(か)むばかり。鳥もあまり食べず、枯れ茎に春まで残っている。果皮(かひ)はうっすら青白く光るが、この部分は紫外線を反射し、紫外領域まで見ることができる鳥の目には輝いて見える。

薄暗い林の下にミョウガに似た葉を広げて高さ約1mになる。晩夏から秋にかけて花と実が同時に見られる。円内は花

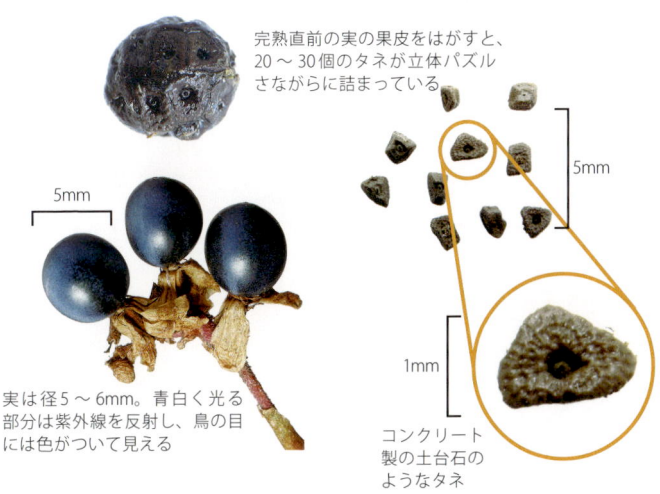

完熟直前の実の果皮をはがすと、20〜30個のタネが立体パズルさながらに詰まっている

5mm

実は径5〜6mm。青白く光る部分は紫外線を反射し、鳥の目には色がついて見える

5mm

1mm

コンクリート製の土台石のようなタネ

141

雌株の赤いトウモロコシ 〜体力に応じて性転換〜

マムシグサ

● *Arisaema serratum*　　●サトイモ科　　●野山の多年草

被食鳥／種子／10〜11月

出産や子育ては体力を使う。植物も同じで、トウモロコシ状の実をつけたマムシグサの雌株は、イモに蓄えた何年分もの養分をおおかた使ってやせてしまう。翌春、小さなイモから出た芽は、たとえ咲いても雄株になる。赤く熟す実には大小があり、タネの数もまちまち。実はかすかに甘く、ジョウビタキなどは丸呑みするが、人には毒で危険を伴う。

株に雌雄があり、これは晩秋の雌株。でも来年も雌とは限らない

花期は5〜6月。これは雄株で、仏炎苞（ぶつえんほう）の基部に花粉をつけたキノコバエが通れるすき間がある

×1

実の大きさも、タネの数や大きさもまちまち

これは実の集まり。サトイモ科特有の肉穂果序という。果序の内部は空洞だ

野生化が進むヤシの仲間 〜庭から林内に鳥が運ぶ〜

シュロ

● *Trachycarpus fortunei* ●ヤシ科 ●庭や緑地の常緑高木

被食 高 / 種子 / 11〜2月

南国生まれのヤシの仲間で庭や公園に植えるが、近年は関東以南の都市や近郊の薄暗い緑地に野生化している。実をヒヨドリなどが食べて運ぶためで、地球温暖化や都市のヒートアイランド現象の影響も指摘されている。株に雌雄があり、雌株にはお尻の形にくぼんだ実が多数つく。実は黒紫色に熟して白い粉を帯び、べとべとした果肉(かにく)が硬いタネを1個包む。

白粉を帯びた実は紫外線を反射していそうだ。果肉はべとつく

5mm

タネはとても硬く、カッターでは切れない

シュロの雌株。庭に植えられたものが多数の実をつけ、鳥が種子を運んで野生化が進む。実生は耐陰性が高く、荒れた雑木林の薄暗い林床にも育つ。写真は9月

花期は5〜6月。左は雄株で、雄花からなるカズノコ状の花序が垂れる。右は雌株で、雌花と両性花からなる痩せた花序を出す。雄株は毎年、雌株は隔年に開花することが多い。雄花序と両性花序をあわせもつ両性株も少数だが存在する

動物散布

不思議な串刺し団子 ～甘いゼリー菓子のおまけつき～

イヌマキ（マキ）

被食鳥　種子　9〜10月

● *Podocarpus macrophyllus* ●マキ科 ●山や庭園の常緑高木（針葉樹）

よく生け垣に植えられる。雌雄異株で、雌株にだけ実ができる

甘くて楽しい串刺し団子。緑色のタネは、花床が肉質化して赤や黒紫に色づいたゼリー菓子のおまけつき。赤い色に誘われた鳥はおまけを食べてタネを運ぶ。熟すと地に落ちるのは獣相手の実の常套手段だが、タネ本体は歯に噛み砕かれやすい形状なので、やはり鳥がメインだろう。気の早いタネは樹上で根を出すが、このときゼリーのおまけが水分補給の役に立つ。

花期は5〜6月。写真は雄花

雌花。丸い胚珠と円柱状の花床

×1

こけしにも見える。左端のように早くも根を出しているタネもある

果床の断面。花期の花床が育ったもので、ゼリー質の中心に維管束が通る

甘いお椀と毒のタネ 〜赤く色づくゼリー質の仮種皮〜

イチイ

●*Taxus cuspidata* ●**イチイ**科 ●山や庭園の常緑高木（針葉樹）

液食貯食鳥 / 種子 / 9〜10月

雌雄異株で、雌株にはクリスマスのイルミネーションのような赤い実が点る

針葉樹の仲間だが、松かさを作らず、魅惑の赤で鳥を誘う。お椀の形をした赤い部分は仮種皮（かしゅひ）で、ゼリー質で甘く食べられる。でも中身のタネは有毒で、噛（か）み砕けば人も中毒するとか。運んでね、でも大事なタネは食べないで、というわけ。と思ったら、ヤマガラはそのタネが好物で、よそに運んで土に埋めて蓄え、それが芽を出すのだって。平気なの!?

雌花。緑色の胚珠の基部を数対の鱗片が包んでいる

5mm

5mm

種子はとても硬く、アルカロイドを含んで有毒

赤い実のように見える部分は仮種皮で、種子を囲んで肉厚に太る

仮種皮のお椀を縦に切ってみたところ。グミキャンディーの食感で甘くおいしい

動物散布

獣が食べて、アリがさらに運ぶ 〜甘い果肉とエライオソーム〜

ミツバアケビ

被食哺乳類 | 種子 | 9〜10月

- *Akebia trifoliata*
- **アケビ科**
- 野山のつる性落葉樹

厚い皮の中で、甘く滑らかな果肉(かにく)が種子をくるんでいる。そんな特徴がバナナ※に似ているのは、どちらもサルなどの動物が主要な散布者だからだ。アケビやミツバアケビの種子は硬く稜(りょう)があり、けものの鋭い歯を避けて胃に滑り込む。さらに種子には白いゼリー質の付属物(エライオソーム)があり、糞に出た後、さらにアリに運ばれて分散する。

※バナナは原種では果肉中に種子がある

実は長さ6〜10cm。熟すと割れて乳白色の果肉がのぞく。円内は熟果

種子の端に白いゼリー質の塊がついている

5mm

甘い果肉に埋もれて多数の種子が並ぶ

花期は4〜5月。花はチョコレート色で、花序の基部に2、3個の大きな雌花、先のほうに小さな雄花が十数個つく

タネを地面に置くとトビイロシワアリが群がり、白いゼリー質をかじり、運んでいく。この翌年、7m離れた場所に芽が出た

山のミニキウイフルーツ 〜タンパク質分解酵素をもつ理由〜

サルナシ（コクワ）

被食 哺乳類 / 種子 / 10〜11月

- *Actinidia arguta* ● マタタビ科 ● 山のつる性落葉樹

雌雄異株で、雌株には同属のキウイフルーツに似て小粒で滑らかな実がなる。円内は雌株につく両性花

山で調査中、この実が大豊作。どっさりテントに持ち帰ったはいいが、甘い香りに、クマが連夜の訪問。嗅覚の鋭い哺乳類狙いの実なのだ。キウイに似て美味だが、食べ進むと甘みを感じなくなり、苦痛になる。果肉中のタンパク質分解酵素で舌の味蕾（みらい）がやられてしまうのだ。大食いの哺乳類が1回に食べる量を制限して、タネを少しずつ分散させるために酵素はある。

種子の粒は小さく、サルやタヌキやクマの歯の間をすり抜ける

5mm

×1

マタタビ
同属のマタタビの実は細長く、黄色く熟して味は辛い。つぼみが変形した虫えい果（円内）を生薬とする

実は長さ2cmほどで、熟しても色づかない。味も香りもキウイフルーツにそっくり

芳香を放つ渋い果実 〜香るカリンのミニチュア版〜

クサボケ

● *Chaenomeles japonica*　●バラ科　●野山の落葉低木

被食哺乳類 / 種子 / 10〜11月

土手などに低く茂り、春には朱赤の花が咲く。その中の少数が実を結び、短い柄で枝にごつごつとしがみつく。ピンポン玉大の実は秋に黄色く熟し、芳香剤を思わせる甘い香りでタヌキやテンなどを呼ぶ。硬くて渋いがさわやかな酸味のある果肉（かにく）の内側には、タネが5部屋に分かれてぎっしり。タネは硬くて稜（りょう）があり、哺乳動物の鋭い歯の間をくぐって胃に滑り込む。

カリンと同属で、実のつき方も似ている。カリン同様、ジャムや果実酒もおいしく作れる

花期は4〜5月。花は朱赤で径2.5〜3cm

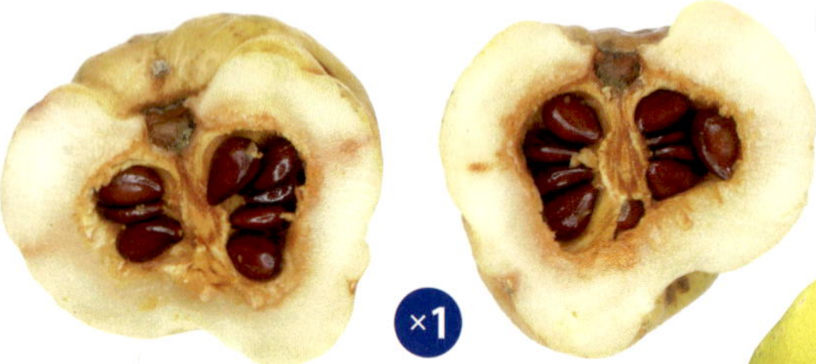

実寸直径3.5cm。実はいびつな偏球形でごつごつしている

果肉は香りと渋みと酸味がある。タネは約30個

×1

5mm
タネは硬く光沢がある

山の奇妙なドライフルーツ 〜太って曲がりくねる甘い果軸〜

ケンポナシ

被食哺乳類 / 種子(核) / 11〜3月

- *Hovenia dulcis*　●**クロウメモドキ**科　●山の落葉高木

枝先に長さ10〜20cmの果序がつく

6月、白い小花が群れ咲く

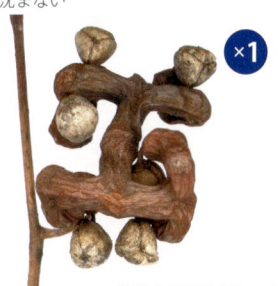

晩秋にはドライフルーツ状の果序が落ちてくる。枝ごと落下するので、落ち葉の底に沈まない

×1

半乾きの果軸はレーズン風味。人にも美味で、昔は子どものおやつだった

奇天烈な実だ。食べる部分は折れ曲がった果軸（かじく）。花序（かじょ）の軸が花後に肥大したもので、生鮮時はナシの風味。先端の丸い実は熟すと乾き、くねくねの間に潜んで動物に食べられるのを待つ。晩秋に樹上で乾いてからが食べ頃。レーズンの味と香りになり、枝ごと地面に降ってくる。それをタヌキやテンが食べ、一緒に飲み込んでしまった実の中の硬いタネを糞に出す。

新潟の山で見つけたタヌキのトイレ。撮影時（3月下旬）までケンポナシのタネが糞に出続けていた

1個の実の中に非常に硬いタネが3個

5mm

149

厚い外套を着た硬いナッツ 〜森のネズミやリスのごちそう〜

オニグルミ

貯食水 | 堅果 | 9〜10月

- *Juglans mandshurica* ● クルミ科 ● 山や河畔の落葉高木

野生のクルミ。樹上の実はタンニンを含む分厚い皮にくるまれているが、落下すると皮はどろどろに崩れ、硬い殻のいわゆるクルミが現れる。殻をかじって中身を食べるのは山のリスとアカネズミ。彼らが冬の食糧にと運んで地中に蓄えた実の一部が、春まで残って芽を出す。子葉は油脂貯蔵庫として地下にとどまり、積もった落葉を突き抜ける芽に栄養を送る。硬い殻はスタッドレスタイヤに配合される。

分厚い外皮をまとった実は、ブドウのような房に垂れる

アカネズミの食痕。両側に穴をあける

ニホンリスの食痕。殻を2つ割にする

花は4月。赤い雌花と下垂する雄花序

硬い殻の中身。油脂を蓄えた子葉を食用とする

外皮は花床が肥大して堅果を包んだもの

市販のカシグルミより殻が厚く硬い。水に浮いて川を流れ下り、海岸に打ち上げられることもある

×1

動物散布

里山のヘーゼルナッツ 〜角の実のおいしい中身〜

ツノハシバミ

貯食 堅果 9〜10月

- *Corylus sieboldiana* **カバノキ科** ●野山の落葉低木

明るい林道沿いなどに生え、高さ2〜3mになる

早春、雄花が花粉を飛ばす

枝先の雌花序の赤い雌しべ

欧米で親しまれるヘーゼルナッツの日本の里山バージョン。角の生えた実が2〜5個くっつき合って枝先にぶら下がり、秋には熟して塊ごと地面に落ちる。毛がちくちく痛い外皮（がいひ）をなんとかむくと、一見ドングリに似た硬い殻の実が顔を出した。リスや森のネズミはこの香ばしいナッツをあちこち運んで蓄える。……でも、毛が鼻に刺さったりはしないの？

拾った実の集合体。外側はチクチクする毛におおわれ、うっかり触ると毛が指に刺さる

外皮は、苞が袋状に伸びて実を包んだもの（果苞）。その中に硬い殻の実（堅果）がある

×1

はしばみ色の実。硬い殻の内側には人が食べても香ばしいナッツが詰まっている

動物散布

泡立つしゃぼんの実 〜羽根つきの硬い玉〜

ムクロジ

貯食　核　9〜3月

● *Sapindus mukorossi*　●**ムクロジ科**　●野山や公園の落葉高木

大きな偶数羽状複葉の枝先に、丸い実が房になってぶら下がる。円内は冬の実

高い枝先から落ちてくる実を、昔の人は大切に拾った。まるで骨董品のガラス工芸のように光に透け、振るとコロコロ音がする。皮をむくと、中から丸くて硬いタネが1つ。羽根つきの玉はこれである。油脂を含み、野山ではネズミ類などが食べて一部を貯食することにより運ばれる。果皮(かひ)はサポニンを含み、害虫からタネを守る。水に浸すと白く泡立ち、昔は洗剤として利用した。

6月、枝先に黄緑色の花序を出す。花には雌雄があり、ひとつの花序に入り混じるが、ともに径5mmで目立たない

×1

1個の花からふつう1個、最大3個の実ができる。膨らまなかった実は、ふたのような痕跡になる

タネはとても硬い。数珠や羽根つきの玉に用いる

ヤマガラを待つ小さなナッツ 〜自らサポニンの果皮を脱ぐ〜

エゴノキ

貯食 種子 10月

● *Styrax japonica* ●**エゴノキ**科 ●野山や公園の落葉小高木

かわいい実が枝いっぱいに垂れる。実の側面についた傷はエゴヒゲナガゾウムシ（p.4）の産卵痕

タネを食べに来たヤマガラ。エゴノキの種子散布者だ

5月、花は垂れて甘く香る

初夏の白い釣り鐘が散ると、緑白色のかわいい実が枝いっぱいに垂れる。実は殺虫成分のサポニンを含み、噛むとえごい（イガイガする）のが名の由来。ところが秋になると果皮は乾いてすっぽり脱げ、硬いタネがむき出しになる。じつはこれはヤマガラへのアピール。ヤマガラはタネをつついて油脂に富む中身を食べる一方、タネを運び土に埋めて蓄える。

実が熟すと果皮がはがれ、タネがむき出しになって枝につく

秋の実とタネ。タネは1つの実に1〜2個。コーヒー豆大のタネはままごと遊びやお手玉に絶好だ

これは花でも実でもない。芽にアブラムシの1種がついて生じた奇妙な形の虫こぶ。形からエゴノネコアシと呼ばれる

動物散布

もしゃもしゃ頭の太っちょドングリ 〜中身を食べる虫との攻防〜

クヌギ

- Quercus acutissima
- ブナ科
- 野山や公園の落葉高木

貯食　堅果　10月
×1

ドングリの殻斗（お椀・帽子）は総苞の変形。クヌギではモップ状で、一筋ずつが総苞片にあたる。殻斗は若いドングリをすっぽり包んで虫から守る。でも実が育つとはみ出してしまい、結局、甲虫のシギゾウムシやチョッキリ類に卵を産みつけられ、幼虫に中を食われてしまう。ドングリが地面に落ちると幼虫は穴を開けて脱出し、土に潜ってさなぎになる。

雑木林の代表種。丸くて大きなドングリは子どもたちに大人気

4月、多数の雄花序を垂らし、木全体が黄色く見える

葉腋の雌花。受粉後、1年半かかってドングリが育つ

クヌギシギゾウムシの幼虫と脱出痕

1cm

クヌギ（上）と**アベマキ**（下）
殻斗・ドングリともによく似るが、アベマキは殻斗のお椀が深く、ドングリは肩が張って白い毛が密生する。葉を見て裏に毛が密生していたらアベマキだ

1cm

カシワのドングリは殻が薄く、白っぽく乾く。殻斗は赤褐色でかさかさした感触

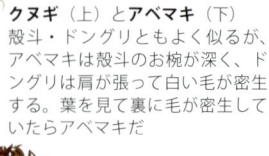

ベレー帽をかぶった雑木林のドングリ 〜ドングリと森の動物のビミョーな関係〜

コナラ

貯食　堅果　9〜10月

- *Quercus serrata*　●**ブナ**科　●野山や公園の落葉高木

よくできた関係だ。落ち葉を突き抜けて芽を伸ばすための貯蔵栄養。その栄養豊富な実を冬季の食糧にと貯蓄し、結果、種まきを手伝うリスやアカネズミやヒメネズミやカケス。でも、ドングリと動物の関係は必ずしも円満ではないらしい。ドングリには有害なタンニンが多量に含まれており、食べつけていないネズミにいきなりドングリを与えると、中毒死してしまうんだって。

花は春、葉の展開と同時に咲く。雄花序は風になびいて花粉を飛ばす

クヌギと並ぶ雑木林の主役。ドングリは開花の半年後に熟す。円内は枝先の雌花。3個の花柱の跡はドングリの先端部に残る

×1

ドングリと殻斗とコナラシギゾウムシの幼虫

コナラのドングリは地面に落ちるとすぐに根を出し、冬を越す。乾いてしまうと死んでしまう

×1

ミズナラのドングリと殻斗。コナラより大粒でタンニン濃度が高い

動物散布

どっさり実る常緑のドングリ 〜横縞模様のキュートな帽子〜

貯食 / 堅果 / 10〜11月

シラカシ

- *Quercus myrsinifolia* ●ブナ科 ●野山や人里の常緑高木

葉の細長い常緑のドングリ。
毎年たくさん実をつける

4〜5月、雄花序が長く垂れる。枝先には雌花序がつく

雌花序。風媒花で花弁も蜜もない。同じ年の秋に熟す

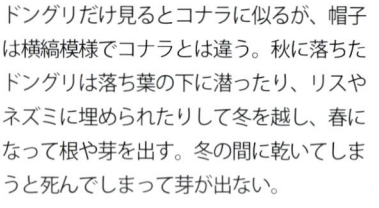

ドングリだけ見るとコナラに似るが、帽子は横縞模様でコナラとは違う。秋に落ちたドングリは落ち葉の下に潜ったり、リスやネズミに埋められたりして冬を越し、春になって根や芽を出す。冬の間に乾いてしまうと死んでしまって芽が出ない。

帽子は横縞。ドングリは尻がすぼむ ×1

厚い殻の大きなドングリ 〜ほんのり甘く食べられる〜

マテバシイ

- *Lithocarpus edulis* ●ブナ科
- 暖地の林や街の常緑高木

6月に咲いた地味な雌花は、約15か月かけて厚い殻の大きなドングリに育つ。ドングリは渋くなく、ほのかに甘くて食べられる。殻の厚さゆえかシギゾウムシの寄生率は低いが、ゼロではない。

街路樹や公園樹としておなじみ

おいしいシイの実 〜殻斗は全身すっぽりスーツ〜

貯食 堅果 9〜10月

スダジイ（シイ）

- *Castanopsis sieboldii* ● **ブナ**科 ● 野山や人里の常緑高木

殻斗に包まれたドングリ。葉裏は金色かかって見える

花は5〜6月。虫媒花で、雄花は長い花序を垂れて独特の生臭いにおいを発散する。雌花序は上方に伸びる

開花から1年4か月間、フルフェイスタイプの厚い殻斗（かくと）を着込み、熟す直前に顔を出す。そのためか、シギゾウムシの寄生率は低い。ドングリは底が広くて先の尖った印象で、渋みがなくてほんのり甘く、昔からシイの実と呼んで食用とする。

全身スーツの殻斗を熟す寸前に脱ぐ

×1

貯食 堅果 9〜10月

殻斗は果軸ごと落ちる

×1

白く目立つ雄花序の間に今年と去年の雌花序が見える

果てしない軍拡競争 〜ツバキとゾウムシの対抗進化〜

ヤブツバキ

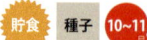

貯食 / 種子 / 10〜11

- *Camellia japonica*　●**ツバキ**科　●野山や庭園の常緑高木

ヤブツバキの実に産卵するツバキシギゾウムシを発見。この虫は長い口（口吻）をドリルにして実に穴をあけて産卵し、幼虫は若いタネを食べる。口吻の長さは果皮の厚さとほぼ等しい。ところが屋久島産の変種（リンゴツバキ）は実が特に大きく、果皮も厚い。対する屋久島のゾウムシの口吻は長さ約2cm、なんと体長の2倍もある。ツバキとゾウムシ、軍拡競争は果てしない。

ヤブツバキの花。花期は12〜4月

ヤブツバキの実とその断面。果皮の厚さには地域差と個体差がある。写真は東京産

屋久島産のリンゴツバキの実とその断面。写真の実は径7.9cm、果皮は厚さ最大3.2cmもあった

実は熟すと裂けて数個のタネを散らす。タネからはオレイン酸に富む上質の油（椿油）が採れる

ヤブツバキに産卵するツバキシギゾウムシ。長い口吻を突き立て、体をぐるぐる回転させて穴を開ける。口吻を抜き、体を反転させ産卵管をさし込んで産卵すれば万事完了。

ままごと遊びの丸いタネ 〜油脂を蓄えた硬い種子〜

チャノキ

貯食 | 種子 | 10〜11月

- *Camellia sinensis*　●**ツバキ**科　●茶畑や庭園の常緑低木

花期は10〜11月。径2〜3cmの白い花がうつむいて咲く。花と実が同時に見られる

つまり茶の木。鎌倉時代に栄西（えいさい）が中国からタネを持ち帰り、日本でも栽培が始まった。庭園にも植えられる。秋の開花とほぼ同時に、1年前の花からできた実が熟し、1〜3個のタネをこぼす。タネは硬くまん丸で、総重量の18％もの油脂が子葉（しよう）に詰め込まれ、最初から大きな芽を出すための栄養に回される。同属のツバキ同様、この実も齧歯類（げっし）による貯食散布と考えられる。

実が熟すと果皮が裂けてタネを落とす。タネの数により実の大きさは異なるが、タネの大きさはよくそろう

×1

タネは丸くてかわいい

山の貴重なデンプン源 〜母樹が育てた大きな「とちの実」〜

トチノキ

●*Aesculus turbinata* ●**ムクロジ科**（旧トチノキ科） ●野山や公園の落葉高木

貯食　種子　9月

樹上の実はゴルフボール大に育つと、地面にすとんと落ち、厚い皮が3つにぱっくり割れる。転げ出る大きなタネが「とちの実」だ。タネの表面の半分は白っぽい、いわばへそで、これが果皮（かひ）の内側で親植物由来の維管束（いかんそく）、いわばへその緒につながっている。径3〜5cmもあるタネはデンプンを豊富に含み、リスやネズミが運んで埋めるが、一部を食べ残すことで散布される。

大きな掌状複葉の枝先に果序がつく。多数の花のうち実を結ぶのは10個前後。秋には実の重みで果序がしなう

花期は5〜6月。高さ25cmもある円錐形の花序に淡黄色の花が多数咲いて虫を誘う

2cm

1個の実に種子は1〜2個。苦くて渋いが、渋抜き処理をしてデンプンを採り、食用とする

ヤニ臭いナッツ 〜仮種皮をまとった裸子植物の硬い種子〜

カヤ

● *Torreya nucifera* ●**イチイ**科 ●山や公園の常緑高木（針葉樹）

被食貯食　種子　9〜10月

裸子植物なので、緑の部分は仮種皮で、中に茶色い種子の本体がある。種子は熟しても緑のまま、樹下に落ちる。移動距離は3mどまり。でも、しばらくすれば種子は消える。動物のしわざだ。仮種皮を目的に丸ごと食べるのはクマやテンやタヌキ。硬い殻の中身を目当てに運ぶのは森のネズミやヤマガラ。殻の中身は油脂に富み、人が食べてもおいしいナッツなのだ。少しヤニ臭いけれど。

高い梢に実った種子。この木の種子はほぼ球形だった。円内はヤマガラの貯食行動

花期は5月。雌雄異株で、写真は花粉を散らす雄花

雌花。後に胎座が発達して仮種皮となり、種子を包む

低い枝に実った種子。葉は平たく並ぶ

硬い殻のいわゆる「かやの実」。割って食べるとおいしい

仮種皮ごと地面に落下した種子

動物散布

アリを誘う白いゼリー 〜小さな種子の天使の翼〜

クサノオウ

アリ / 種子 / 5〜11月

● *Chelidonium majus* ● **ケシ**科 ● 野原や林縁の一年草

細い円柱状の実は、熟すと縦に裂けてタネが散る。このタネをアリの巣の近くにぱらぱら落とすと、たちまちアリがきてタネをくわえて運んでいく。タネの端の白いゼリー状の塊（エライオソーム）にアリが好む脂肪酸を含むのだ。石垣のすき間などにもこうしてアリがタネをまく。ケシ科仲間のキケマンも天使の翼を思わせるエライオソームをつけ、アリがタネを運ぶ。

花期は長い。茎を切ると出る黄色い液は有毒

クサノオウの細長い実に2列にタネが入っている

×1

キケマンは里山の多年草。春に咲き、果期は5月

厚い肉質のエライオソームをつけたクサノオウのタネ

キケマンの実とアリに運ばれるタネ

1mm

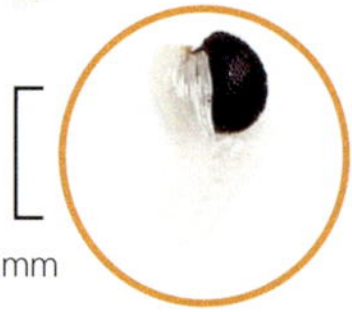

2mm

トビイロシワアリ

風の次はアリが運ぶ 〜大きな草の小さな運び手〜

タケニグサ

- *Macleaya cordata* ●**ケシ**科 ●野原や道端の多年草

風 アリ / 種子 / 8〜10月

果期のタケニグサ。実は白く粉を帯びる。円内は花

高さ3mになる大きな草で、葉や茎を切るとオレンジ色の汁が出る。6〜8月、大きな花序に白く繊細な花が咲き、平たい実を結ぶ。短冊のように枝に垂れた実は、秋風に揺れてシャラシャラと音を立てる。飛ばされて地面に落ちると、いよいよアリの出番だ。黒く光るタネには真っ白なエライオソームがあり、アリが巣に運び込むが、タネ自体は巣の周辺に捨てられる。

熟した実を割ったところ。1個の実にタネは4個ほど

5mm

1cm

実は長さ2〜2.5cmで平たい

タネを運ぶトビイロシワアリ

動物散布

閉鎖花と開放花のエライオソーム 〜アリが遠くに運ぶ開放花のタネ〜

ホトケノザ

アリ / 分果 / 4〜6月

- *Chelidonium majus*
- シソ科
- 野原や道端の一年草

春早くに咲き出す小さな草で、花壇の隅にもよく生える

タネを収穫して巣へと運ぶトビイロシワアリ

シソ科の花は、子房が4裂し、それぞれがタネに育つ（4分果）

タネはうぶ毛の生えた萼(がく)の奥に4個ずつ熟す。するとアリが訪れ、タネを収穫して巣に運ぶ。ホトケノザは通常の花（開放花）と同時に、花びらが退化して同花受粉を行う閉鎖花も作る。虫が花粉を運ぶ開放花は親と違う性質の子を、閉鎖花は親に似た子を作る。違う性質の子はなるべく遠くに送り出して新天地を開拓するのが有利である。実際、開放花のエライオソームは大きくて脂肪酸も多く含み、アリも早く持ち去る。

花期は3〜5月。これは虫が花粉を運ぶ花で、閉鎖花に対して開放花と呼ぶ

ヒメオドリコソウ
ホトケノザと同属でヨーロッパ原産の帰化植物。花は葉の間に咲く

日当たりが悪いなど環境によっては閉鎖花だけになる（左写真）

×1

2mm

タネの端にエライオソームがキャップ状につく。写真は閉鎖花由来

2mm

ヒメオドリコソウのタネもアリに散布される

スプリングエフェメラルのアリ頼み 〜エライオソームと表面物質〜

カタクリ

アリ | 種子 | 5〜6月

- *Macleaya cordata* ●ユリ科 ●林床の多年草

早春に葉を低く広げて花を咲かせ、林が暗くなる頃には地下貯蔵器官とタネを残して休眠(きゅうみん)する。こうした春植物（スプリングエフェメラル）には、アリに種まきを頼るものが少なくない。晩春にはやぶ陰となり、風も鳥も頼りにならないからだ。カタクリの種子は大きなエライオソームをつけ、表面にもアリの体表成分に似た化学物質を作り、アリに運ばせる。

地上の生は約2か月。耐久性はないが効率のいい葉を広げ、短期集中の稼ぎを地下部とタネに送る

種子に群がるテラニシシリアゲアリ。エライオソームをかじり取った後、種子本体を巣へ運んだ

葉が消える頃、熟した種子をこぼす

×1

白く柔らかな部分がエライオソーム。糖やアミノ酸や揮発性成分を含む

5mm

花は3月下旬〜4月。開花の年だけ葉は2枚。細い糸状のものは今年の実生

Index

身近な草木の実とタネハンドブック

ア		
	アオキ	125
	アオギリ	35
	アオツヅラフジ	97
	アカシデ	23
	アカメガシワ	111
	アキグミ	122
	アキニレ	25
	アキノノゲシ	18
	アシ(ヨシ)	21
	アセビ	47
	アフリカホウセンカ	65
	アメリカスズカケノキ	11
	アメリカセンダングサ	80
	アメリカフウロ	64
	アレチヌスビトハギ	73
	アベマキ	154
	アワユキセンダングサ	80
	イイギリ	123
	イガオナモミ	79
	イシミカワ	91
	イチイ	145
	イヌコリヤナギ	8
	イヌシデ	23
	イヌノフグリ	83
	イヌビワ	89
	イヌマキ(マキ)	144
	イノコヅチ(ヒカゲイノコヅチ)	71
	イロハカエデ	32
	イワボタン	52
	ウツギ	46
	ウバユリ	38
	エゴノキ	153
	エノキ	86
	エンジュ	109
	オオイヌノフグリ	83
	オオオナモミ	79
	オオバコ	84
	オギ	20
	オナモミ	79
	オニグルミ	150
	オニドコロ	39
	オヤブジラミ	75

カ		
	ガガイモ	14
	カジノキ	88
	カシワ	154
	カタクリ	165
	カタバミ	63
	ガマ	19
	ガマズミ	138
	カヤ	161
	カラスウリ	124
	カラスザンショウ	112
	カラスノエンドウ	62
	カラスムギ	69
	カントウタンポポ	15
	キケマン	162
	キササゲ	37
	キショウブ	58
	キヅタ	130
	キツリフネ	66
	キミノセンリョウ	98
	キリ	48
	キンミズヒキ	72
	クコ	137
	クサイチゴ	105
	クサギ	136
	クサネム	56
	クサノオウ	162
	クサボケ	148
	クスノキ	95
	クチナシ	134
	クヌギ	154

	クマシデ	22
	クロマツ	42
	クワ	87
	ケヤキ	26
	ゲンノショウコ	64
	ケンポナシ	149
	コウヤマキ	41
	コガマ	19
	コセンダングサ	80
	コチャルメルソウ	53
	コナラ	155
	コブシ	93
	コマユミ	118
	コムラサキ	135
	コメナモミ	76
	ゴンズイ	119
サ	サカキ	99
	サネカズラ	94
	サルスベリ	36
	サルナシ(コクワ)	147
	サワラ	40
	サンゴジュ	139
	シナノキ	34
	シマサルスベリ	36
	ジャノヒゲ(リュウノヒゲ)	140
	シャリンバイ	101
	ジュズダマ	59
	シュロ	143
	シラカシ	156
	シラン	50
	シロノセンダングサ	80
	スギ	41
	スズカケノキ	10
	ススキ	20
	スダジイ(シイ)	157
	スミレ	68
	セイタカアワダチソウ	17
	セイヨウタンポポ	15
	センダン	113
	センニンソウ	9
	センリョウ	98
タ	ダイコンソウ	72
	タケニグサ	163
	タシロラン	51
	タテヤマリンドウ	55
	タニタデ	74
	タネツケバナ	60
	タムシバ	93
	チガヤ	20
	チカラシバ	81
	チャノキ	159
	ツクバネ	27
	ツクバネウツギ	27
	ツゲ	67
	ツタ	121
	ツノハシバミ	151
	ツリフネソウ	66
	ツルウメモドキ	116
	ツルソバ	91
	ツルネコノメソウ	52
	テイカカズラ	13
	トウカエデ	33
	トウグミ	122
	トウネズミモチ	132
	トキリマメ	107
	ドクウツギ	115
	トチノキ	160
	トベラ	100
ナ	ナガミヒナゲシ	44
	ナズナ	82
	ナツツバキ	29
	ナナカマド	106
	ナワシロイチゴ	105
	ナンキンハゼ	110
	ナンテン	96
	ナンバンギセル	49
	ニシキギ	118
	ニワウルシ(シンジュ)	31
	ヌスビトハギ	73
	ネコノメソウ	52

	ネズミモチ	132
	ノアザミ	16
	ノイバラ	102
	ノウゼンカズラ	37
	ノゲシ(ハルノノゲシ)	18
	ノササゲ	108
	ノブキ	78
	ノブドウ	120
ハ	ハス	57
	ハゼノキ	114
	ハナイカダ	128
	ハナツクバネウツギ	27
	ハナミズキ	127
	ハルニレ	25
	ハンノキ	24
	ヒイラギナンテン	96
	ヒサカキ	99
	ヒナタイノコヅチ	71
	ヒノキ	40
	ヒマラヤスギ	43
	ヒメオドリコソウ	164
	ヒメガマ	19
	ヒメコウゾ	88
	ヒメシャラ	29
	ヒヨドリジョウゴ	137
	フウ	30
	フジ	61
	フジカンゾウ	73
	フデリンドウ	55
	フヨウ	12
	ヘクソカズラ	133
	ヘビイチゴ	103
	ホウセンカ	65
	ボダイジュ	34
	ボタンヅル	9
	ホトケノザ	164
	ポプラ	8
マ	マカラスムギ	69
	マタタビ	147
	マテバシイ	156

	マムシグサ	142
	マユミ	117
	マンリョウ	131
	ミズタマソウ	74
	ミズナラ	155
	ミズヒキ	70
	ミツバアケビ	146
	ムクゲ	12
	ムクノキ	86
	ムクロジ	152
	ムラサキシキブ	135
	メナモミ	76
	メマツヨイグサ	45
	モミジイチゴ	104
	モミジバスズカケノキ	10
	モミジバフウ	30
ヤ	ヤエムグラ	75
	ヤツデ	129
	ヤドリギ	90
	ヤブタバコ	77
	ヤブツバキ	158
	ヤブヘビイチゴ	103
	ヤブミョウガ	141
	ヤブラン	140
	ヤマグワ	87
	ヤマネコノメソウ	52
	ヤマノイモ	39
	ヤマボウシ	126
	ヤマモモ	85
	ユウゲショウ(アカバナユウゲショウ)	54
	ユリノキ	28
	ヨウシュヤマゴボウ	92
ラ	リンゴツバキ	158